办公空间设计新论

赵时珊◎著

中国戏剧出版社
CHINA THEATRE PRESS

图书在版编目（CIP）数据

办公空间设计新论 / 赵时珊著. -- 北京 : 中国戏剧出版社, 2025.6. -- ISBN 978-7-104-05623-2

Ⅰ. TU243

中国国家版本馆 CIP 数据核字第 2025Z2U705 号

办公空间设计新论

责任编辑：周忠建
责任印制：冯志强

出版发行	中国戏剧出版社
出 版 人	樊国宾
社　　址	北京市西城区天宁寺前街 2 号国家音乐产业基地 L 座
邮　　编	100055
网　　址	www.theatrebook.cn
电　　话	010-63385980（总编室）　　010-63381560（发行部）
传　　真	010-63381560

读者服务：010-63381560
邮购地址：北京市西城区天宁寺前街 2 号国家音乐产业基地 L 座

印　　刷	天津和萱印刷有限公司
开　　本	787mm×1092mm　1/16
印　　张	12.5
字　　数	230 千字
版　　次	2025 年 6 月　北京第 1 版第 1 次印刷
书　　号	ISBN 978-7-104-05623-2
定　　价	72.00 元

版权专有，违者必究；如有质量问题，请与出版社联系调换。

前　言

"办公"这一概念的起源可以追溯到人类社会开始形成组织和管理结构的早期阶段。随着社会的复杂化和分工的细化，人们需要专门的场所进行行政管理、记录保存和决策制定，于是就孕育出了"办公"的概念。在我国古代，早在商朝和西周时期，国家就设立了专门的机构来管理国家事务。古埃及时期，也有类似的行政管理机构。一些高官的住宅内设置了专门的房间来处理事务，这些房间可以看作早期的办公室。在古希腊和古罗马，行政管理和政治活动主要在议会、庙宇或专门的公共建筑中进行。真正意义上的办公空间诞生于西方工业革命之后，新材料、新技术、新功能催生了办公建筑及办公空间新的工作性质与类型。人类进入后工业化社会之后，由于环境资源危机、信息革命、全球经济一体化和产业结构的调整，办公空间的设计也发生了巨大变革，办公空间设计的发展出现了生态化、高技化、智能化、个性化和功能复合化的趋势与倾向。尽管环境背景和设计思想各不相同，但其目的都是适应现代产业背景下工作性质的不断变化，满足人们对现代办公空间的人性化需求，最终使身处空间的工作者能够以愉悦的心情、旺盛的精力投入工作，提高工作效率，实现更高的商业价值和个体价值。

在现代社会，经济和科技发展对办公空间设计提出了多种新的要求和挑战。随着科技带来的高效工作工具，办公空间不再局限于固定的工位。工作区域需要能够根据项目需要和团队规模快速重组。灵活办公布局、多功能区域和可移动分隔墙等设计元素越来越受欢迎。此外，现代办公室设计还需考虑高速互联网、无线技术、云服务、共享屏幕和智能设备的整合。设计应允许员工无缝连接和利用这些技术，以促进沟通和协作。同时，现代办公室设计越来越重视员工的健康和福祉。自然光照、室内植物、空气质量控制和使用环保材料都是设计时的考量因素。此外，健身设施和休息区域的设置也有利于提高员工的幸福指数。随着远程工作和灵活工时的兴起，办公空间设计开始借鉴家庭环境的温馨和舒适性，以此吸引员工返岗，并提升工作满足感。在技术日益发达的今天，保护企业和员工的数据安全也变得尤为重要。办公室的设计需要考虑数据的安全性，如通过设置专门的安全区域和增强网络安全措施。因此，加强对办公空间设计的学习，将理论研究融入实际工程中，培养优秀的办公空间设计人才，是十分重要的。

办公空间设计在当今的社会发展中起着不可或缺的作用，它可以带动办公效率的提高，转变办公方式，最终创造社会价值和经济价值。环境艺术通过动态变化、丰富的细节、情感记忆的累积、观者自身的变化及文化背景的影响，提供了一种不断深化和扩展的审美体验。自然环境是动态的，随着季节、天气和气候的变化，环境艺术作品也会呈现出不同的面貌，这种与自然环境的动态互动，会使得环境艺术作品在不同时间段具有不同的视觉和感官体验。时间还影响着观众对环境艺术的感知和体验，如早晨的阳光、午后的阴影、晚间的余晖，甚至是不同季节的气息，都能让观众在不同时间段对同一作品产生不同的情感和理解。所以，时间因素不仅改变了作品的物质形态和视觉效果，还深刻影响了观众的体验和作品的文化意义，使得环境艺术成为一个动态、活生生的存在。

本书一共分为六章。第一章为办公空间设计概述，主要介绍了办公空间的历史演变、办公空间的功能。第二章为办公空间的设计方法，主要介绍了办公空间的空间分类、办公空间的分隔与组合、办公空间界面设计要求、办公空间设计的主题、原则与设计要点。第三章为办公空间设计表现，主要介绍了办公空间的功能分区与平面布置、办公空间的色彩设计和材料质地、办公空间的家具选用和绿化设计、办公空间的采光和照明。第四章为办公空间设计程序，主要介绍了设计准备阶段、方案设计阶段、施工图设计阶段、设计施工阶段。第五章为办公空间设计新趋势，主要介绍了办公空间设计新趋势概述、环保节能类办公空间、生态绿色类办公空间、智能类办公空间、LOFT类办公空间、复合类办公空间。第六章为办公空间创意创新设计，主要介绍了创意创新设计的思维创新、办公空间创意创新设计的主要方法、办公空间创意创新设计应用。

在撰写本书的过程中，作者参考了大量的学术文献，得到了许多专家学者的帮助，在此表示真诚感谢。由于作者水平有限，书中难免有疏漏之处，希望广大同行及时指正。

赵时珊

2024 年 1 月

目 录
CONTENTS

前　言 1

第一章　办公空间设计概述 001
　　第一节　办公空间的历史演变 002
　　第二节　办公空间的功能 004

第二章　办公空间的设计方法 008
　　第一节　办公空间的空间分类 009
　　第二节　办公空间的分隔与组合 024
　　第三节　办公空间界面设计要求 026
　　第四节　办公空间设计的主题、原则与设计要点 028

第三章　办公空间设计表现 034
　　第一节　办公空间的功能分区与平面布置 035
　　第二节　办公空间的色彩设计和材料质地 042
　　第三节　办公空间的家具选用和绿化设计 056
　　第四节　办公空间的采光和照明 065

第四章　办公空间设计程序 ... 078
- 第一节　设计准备阶段 ... 079
- 第二节　方案设计阶段 ... 080
- 第三节　施工图设计阶段 ... 082
- 第四节　设计施工阶段 ... 085

第五章　办公空间设计新趋势 ... 087
- 第一节　办公空间设计新趋势概述 ... 088
- 第二节　环保节能类办公空间 ... 090
- 第三节　生态绿色类办公空间 ... 099
- 第四节　智能类办公空间 ... 108
- 第五节　LOFT 类办公空间 ... 111
- 第六节　复合类办公空间 ... 116

第六章　办公空间创意创新设计 ... 118
- 第一节　创意创新设计的思维创新 ... 119
- 第二节　办公空间创意创新设计的主要方法 ... 121
- 第三节　办公空间创意创新设计应用 ... 130

参考文献 ... 189

第一章　办公空间设计概述

　　办公空间正逐渐成为影响企业效率与员工幸福感的重要因素。随着时代的快速发展，科技的进步及人们生活、工作行为方式的转变不仅体现在工作方式的灵活性上，还体现在对办公环境的需求和期望上，因此企业对办公空间的设计提出了全新的要求。本章主要介绍办公空间的历史演变、办公空间的功能。

第一节　办公空间的历史演变

一、农业社会——办公功能的独立

直至18世纪，人类一直以农业作为主要生产形式。在我国，传统农业社会下的农民通常以家庭为单位进行个体农业，这意味着住宅既是生活的地方，也是工作的地方，这种特点在建筑布局上得到了充分体现。常见的形式有"前店后宅""下店上宅""以店为家"和"店宅合一"等。"前店后宅"模式下，家庭在住宅前部经营商铺或作坊，后部则是家庭成员的生活区；而"下店上宅"则是商铺设在底层，居住区设在上层的建筑模式。这种布局在城市和乡村都有广泛应用，是一种典型的自给自足的生活生产方式。《清明上河图》中的住宅就多属于这种类型。早期的办公行为作为一种非独立分工，完全融入了日常的经济活动中。办公场所和生活场所总是合二为一，没有明确的分界。随着商品种类的丰富和商品需求量的扩大，促生了商品交换、工资发放、交易记录等新的商业活动，与之相应的办公空间需求也开始显现。然而，在这一阶段，人们的办公活动主要在其他空间进行，这些办公空间通常与其他用途的空间相融合或模仿其他空间的特征，真正的独立办公空间尚未出现。

其实，最早的办公活动的发生地点是住宅内。17世纪的欧洲，贵族们常常在起居室或卧室等私密房间里开会、讨论政务。当时，办公室由一个个独立单间组成，内部装饰豪华，用以展示主人财富和地位。在中世纪晚期的欧洲商业城市，行会大厦中的商人卧室也兼作办公室，其内部布置模仿起居室，缺乏作为办公空间的独特性。

书房也是办公空间的原型之一，历史上，许多王公贵族都习惯在书房内议事和决策。后来，书房逐渐从卧室和起居室中分离出来，形成了独立的办公空间。不过，这种带有家庭舒适和轻松氛围的办公空间长期被视为奢华、享受的场所。现代英语中，众议院依然保留着"代表们的住房"的字面含义。

二、工业社会——办公空间的形成与发展

工业革命的出现是人类生产方式的一次重大变革，这一变革不仅极大地提高了生产效率，也深刻地改变了社会结构和经济模式。工业革命期间，蒸汽机、纺

织机等新技术的广泛应用，使得生产过程不再依赖人力或简单的手工工具。这些新技术需要集中的、大规模的生产环境，以便更有效地利用资源和提高生产效率。随着技术的进步和生产效率的提高，生产规模迅速扩大。工厂能够容纳更多的工人，使用更先进的机器，开展更复杂的生产流程。这种规模化的生产方式是家庭作坊无法与之竞争的，因为后者的生产力无论如何都不可能达到同样的生产效率和成本效益。因此，传统的分散在家庭中的生产作坊逐渐被集中的工厂所取代。此外，工业革命促进了劳动分工的深化，生产过程中的每一个环节都被专业化，这要求工人必须在特定的地点和时间进行协作。工厂正是为提供这样的环境而出现的，它使得工人可以集中在一起，按照既定的流程和时间表进行工作。相比之下，家庭作坊由于空间和资源的限制，难以实现这种深度的劳动分工。

随着工厂的兴起，工人从农村迁移到城市，形成了新的社会群体和职业阶层。在这种社会结构的变化下，家庭作坊的规模越来越小、数量越来越少。在18世纪末至19世纪初，大量人口从农村涌入城市和工厂，集体办公场所由此出现，这些场所可视为现代意义上的办公空间的雏形。然而，这一时期的办公空间仍有庄园、住宅及工厂服务楼等的痕迹，仅能满足基本功能需求，从办公工具、人员构成到场所分区都和现代办公室相去甚远：只有男性员工在简单的办公桌上手动撰写或抄录文件，员工和领导混在一处，甚至只能用日光、油灯或煤气灯照明，供暖设备也只有火炉。

到19世纪末，随着西方工业革命浪潮的兴起，现代办公建筑才真正诞生。这场革命带来了深远的影响，不仅改变了个人在办公空间内的行为模式，还使办公空间的整体面貌发生了巨大变化。在工业时代，生产的目标是经济性和效率性，这一目标在社会演变中始终未变，办公建筑也紧扣这一主题不断发展革新。

三、后工业社会——办公空间的变革

20世纪90年代，网络信息技术的迅猛发展对传统的办公空间和办公模式产生了深远的影响。这一时期，随着电脑的普及和互联网的广泛应用，企业开始探索更加灵活和高效的办公方式，以适应快速变化的市场需求和技术进步。

一方面，网络技术的发展促进了办公空间的重新设计。传统的封闭式办公室逐渐被开放式办公空间所取代。这种空间设计鼓励团队合作和信息共享，同时也提高了空间利用率。

另一方面，信息系统的创新改变了工作和组织的概念，使办公人员成为"自由行动者"，在办公地点和时间上享有更多的自由。随着个人计算机（PC）的普及和性能的提升,越来越多的人在家中就能进行高效的工作。20世纪90年代,宽带互联网逐渐取代拨号上网,提供了更高的速度和更稳定的连接。与此同时,移动通信技术的发展,使得SOHO(Small Office Home Office)成为一种可能。对于许多企业来说,支持员工在家办公可以减少办公室租赁、设备维护等方面的成本。对于个人创业者,SOHO模式同样能够节省办公场所的租金和其他运营费用。这一模式的出现不仅改变了传统的办公方式,也为未来的远程工作和灵活办公模式奠定了基础。

第二节 办公空间的功能

一、确保工作效率

确保工作效率是现代办公环境设计中的首要任务之一。一个高效的办公空间不仅能提升员工的工作表现,还能提高整体公司的生产率和竞争力。

(一)空间布局

1. 开放式与私密空间的平衡

办公空间需要在开放式区域和私密空间之间找到平衡。开放式区域适合团队协作和快速沟通,而私密空间则可用于需要高集中度和无干扰的个人工作环境。这两种空间都可以配置一些隔音的电话亭式区域或小型会议室,让员工在需要时能有一个安静的环境。

2. 多功能区的设置

多功能区可以满足员工的各种需求。例如,设立休息区和茶水间,可以让员工在紧张的工作之余稍事休息,缓解疲劳。

(二)技术支持

1. 高速互联网及智能设备

无论是进行视频会议、云端协作,还是访问大型数据库,高速的互联网连接都是必不可少的。此外,配备智能办公设备,如高效能电脑、智能会议系统和无线打印设备等,也能大大提升工作效率。

2. 高效的协作软件

办公空间还应配备高效的协作软件,如即时通信工具、项目管理软件和云存储平台等。这些工具可以促进团队之间的信息共享和任务协调,提升整体工作效率。

二、设备齐全、分配合理

（一）空间规划

一个分配合理的办公空间首先需要科学的空间规划，包括确定不同功能区域的位置和大小，如工作区、会议区、休息区等。合理的空间规划可以确保各个区域互不干扰，同时保持良好的流动性。

（二）灵活性和可扩展性

办公空间的设计还应考虑到未来的发展和变化。灵活的布局和可扩展的设施可以适应公司规模的扩大或业务模式的转变。例如，采用模块化的家具和可移动的隔墙，可以轻松调整空间布局，满足不同的工作需求。

（三）环境可持续性

在设计办公空间时，还应考虑到环境可持续性，包括使用环保材料、节能设备和绿色植物等。例如，环保材料可以减少室内污染，提高员工的健康水平；节能设备可以降低能源消耗，减少运营成本；绿色植物则可以提高室内空气质量，营造一个更加自然和舒适的工作环境。

三、舒适度

（一）人体舒适度

1. 舒适的座椅和办公桌

座椅和办公桌是员工长时间接触的办公家具，其设计和选择应符合人体工学原理，给员工办公提供舒适的环境。例如，座椅应具有可调节的靠背和扶手，坐垫柔软适中，能够减轻腰椎和颈椎的压力，办公桌高度应与座椅相配，确保员工在工作时手腕自然放松，以防止肌肉劳损和职业病的发生。

2. 良好的光照条件

光照也会影响员工的视觉舒适度和工作效率。自然光是最理想的光源，因此应尽量利用窗户和天窗引入自然光，减少人工照明的依赖。人工照明应采用柔和的白光或黄光，避免刺眼的强光和频闪现象。光源的位置和角度也要合理设计，避免产生阴影和反光，给员工的眼睛造成不适。

3. 适宜的温湿度

办公空间的温湿度对员工的生理舒适度有重要影响。适宜的温度通常在20—

24℃之间，湿度在 40%—60% 之间。过高或过低的温湿度都会导致员工不适、注意力下降，甚至诱发健康问题。空调、加湿器和通风系统应保持良好的运行状态，并定期清洁和维护，以确保室内空气质量和温湿度的适宜。

（二）心理舒适度

1. 和谐的色彩搭配

色彩对人的心理有不可忽视的影响，不同的颜色能带来不同的情感体验和心理反应。办公空间的色彩设计应以和谐、舒缓为主，避免过于鲜艳和刺激的颜色。冷色调，如蓝色和绿色可以营造宁静、清爽的氛围，适合会议室和休息区；暖色调，如黄色和橙色则具有温暖、活泼的效果，适合公共区域和创意空间。合理的色彩搭配可以提升员工的心理舒适度，激发创造力和工作热情。

2. 适当的绿化和装饰

绿化和装饰不仅可以美化办公环境，还能调节员工的心情和压力。绿色植物具有净化空气、降低噪声和调节湿度的作用，适量摆放在办公空间可以带来自然、放松的感觉。此外，墙上的艺术品、照片和励志标语等装饰物也能增加空间的文化氛围和个性化元素，使员工感受到企业的关怀和重视，从而提升心理满足感。

四、员工安全

（一）物理安全

1. 基础设施

（1）紧急出口

每层楼需设置足够数量的紧急出口，并确保这些出口的标识清晰可见，通道畅通无阻。

（2）防火措施

安装烟雾探测器、火灾自动报警系统和灭火器，并定期进行检查和维护。

（3）无障碍设计

确保办公空间对所有员工友好，包括残障人士，应提供无障碍通道和设施。

2. 安防系统

（1）监控摄像头

在重要区域安装高清监控摄像头，还应覆盖所有出入口、公共区域和关键办公区域。

（2）门禁系统

采用智能门禁系统，限制未经授权人员的进入，确保只有持有有效识别卡或指纹的员工可以进入办公区域。

（3）报警系统

安装入侵报警系统，在发生非法入侵时及时发出警报，并与保安公司或警方联网，以便快速响应。

（二）应急预案

1. 应急管理制度

（1）应急预案

制定详细的应急预案，涵盖火灾、地震、恐怖袭击、医疗急救等各种突发事件。

（2）应急演练

定期组织应急演练，确保所有员工熟悉应急预案中的各项程序和措施，能够在突发事件中迅速、安全地进行疏散和自救。

2. 应急物资和设备

（1）急救箱

每个楼层应配备急救箱，包含基本的医药用品和急救工具。

（2）应急照明

在停电或火灾等情况下，应急照明系统能够提供足够的光线，确保人员安全疏散。

（3）通信设备

配备对讲机、紧急电话等通信设备，确保在突发事件中保持有效的沟通。

第二章　办公空间的设计方法

　　办公室作为人类最主要的工作活动场所之一，对环境的要求不仅要满足办公日常工作活动，还应该是提高效率、改变情感和实现价值的一种社会化活动空间。本章主要介绍了办公空间的空间分类，办公空间的分隔与组合，办公空间界面设计要求，办公空间设计的主题、原则与设计要点。

第一节　办公空间的空间分类

在多种多样的公共空间类型中，办公空间以其端庄新颖的立体形象、自然朴实的风格、实用的平面布局、素雅严谨的室内空间等特点区别于其他公共空间。虽然办公空间和其他空间有着共同的空间和平面特征，但根据使用性质、功能要求、公司运营模式及公司规模的不同，大致按照行政管理、业务性质、功能性质、空间围合形式、工作集聚方式、类别性质六种进行归类，具体如下。

一、按行政管理分类

1. 单位或机构的专业办公楼

整栋大楼按本单位或机构的实际情况整体策划、设计空间，其优势在于整个建筑在设计之初就考虑到办公空间的类型，找到与之相匹配的建筑风格样式及根据实际需求划分的内部空间类型。

2. 由开发商建设并管理，出租给不同客户的办公楼

各用户按各自的需要策划、设计空间。其特点是空间独立、边界形态受限较大，只能通过内部灵活分割的形式满足使用需求。

3. 智能型和高科技的专业办公空间

整体公共空间通道、楼梯、大堂由开发商统一策划设计，各单位空间由用户自行设计。公共部分的统一性是空间整体性的前提，除了通道、楼梯和大堂，在入户形象中的标识大小、位置上也可以统一的要求，各单位自行设计的空间被有序地安置在其中，能够实现空间使用的多样性。

二、按业务性质分类

我们通常可以从办公空间的装饰样式推测出与之相符的空间功能。从办公空间的业务性质来看，目前有如下四大类。

（一）行政办公空间

行政办公空间，即党政机关、人民团体及事业单位的办公空间。其特点是部门多分工具体；工作性质主要是行政管理和政策指导；单位形象特点是严肃、认真、稳重却不呆板、保守（见图2-1）。

在进行行政办公空间设计时，要本着以功能实用为主、杜绝空间浪费的设计

原则。在不同行政单元，包括职位所在空间的面积控制上，要严格遵循现行行政办公建筑设计的标准。在材料的使用上，尽可能采用本地材料，因地制宜，体现地方特色。

图 2-1　行政办公空间

（二）商业办公空间

商业办公空间通常是指那些用于一般商业活动的办公环境，内部分区一般包括企业总部、分公司、销售办公室、客户服务中心等。商业办公空间通常需要满足各种业务需求，因此需要提供灵活的工作环境。商业办公空间的装修风格往往需要反映公司的品牌形象和文化，因此会在色彩、材料和装饰上有所体现（见图 2-2）。

图 2-2　代表公司形象的商业办公空间大堂

(三)专业性办公空间

专业性办公空间是指那些为特定专业或行业需求而设计的办公环境,如法律事务所、设计工作室、医疗诊所、金融机构等,通常有较高的专业要求和特定的功能需求。专业性办公空间的装修设计更加注重功能性的满足,以确保能够支持特定行业的专业需求;装修风格需要体现该专业领域的特点和权威性,如律师事务所可能会采用庄重、经典的设计风格,而创意工作室则会更具创新性和艺术感(见图2-3)。

图2-3 新中式风格的设计师办公空间

一些特定行业在长期的发展过程中,都有自己的行业标准色及装饰风格样板,如医院、电信、税务、银行等。

(四)综合性办公空间

综合性办公空间,即以办公空间为主,同时包含居住、休闲、旅游或展览等空间功能(见图2-4),其办公空间与以上相同,非办公空间涉及面较广,大多与主体功能相关联。随着社会的发展和各行业工作的进一步社会化,为社会提供服务的各种新概念的办公空间还会因满足各种需要而产生。

图2-4 办公与展示共存的综合性办公空间

三、按功能性质分类

可分为办公用房、公共用房、服务用房和附属设施用房四大部分。

（1）办公用房：即办公室，是办公空间室内设计的核心内容。一般分为小、中、大三种规模。

①小型办公空间：其私密性和独立性较好。面积一般在 40 ㎡ 以内，人员不多，较为安静。适用于专业管理型的办公方式。

②中型办公空间：其对外联系较方便，内部联系也较紧密，面积一般在 40 ㎡—150 ㎡ 以内。适用于组团型的办公方式。

③大型办公空间：其内部空间既有一定的独立性又有较为密切的联系，各部分的分区相对灵活自由。适用于各个组团需共同作业的办公方式。

（2）公共用房：包括公共接待空间，主要指办公楼内用于进行展示、接待、会议和聚会等活动的空间。一般有小、中、大接待室之分，还包括各类大小不同的展示厅、阅览室、多功能厅和报告厅等。

（3）服务用房：为主要办公活动提供信息和资料的收集、整理存放需求的空间，以及为员工提供生活、卫生服务和后勤管理的空间。通常有档案馆、资料室、文印室、电脑机房、晒图房、员工餐厅以及卫生间和后勤、管理办公室等。

（4）附属设施用房：主要指保证办公大楼正常运行的附属空间，通常为配电室、中央控制室、水泵房、空调机房、电梯机房、锅炉房等。

四、按空间围合形式分类

从办公空间围合形式的开放与封闭的程度来看，办公空间主要分单间式和敞开式两大类。这与空间的围合材料和围合形式相关，其中也存在介于单间与开敞之间、临时存在的弹性空间形式。

（一）单间式

单间式是从空间围合形式上较为封闭的办公空间形态，以部门或工作性质作为空间单元，分别安排在不同大小和形状的房间之中。这是在实际办公空间设计中最常见的形式。其优点是对建筑原有空间的改动最小，空间适应能力强，对原有墙体的保留能够减少装修成本；最大限度保证了隐私，各独立空间相互干扰较小；从耗能上，灯光、空调等系统可独立控制，在某些情况下（如人员出差、作息时间差异）可节省能源。单间式办公空间的缺点是，在工作人员较多和分格多的时候，为了满足各个功能合理的布局和流线会占用较大的空间，而且装修完的间格不便于随意调整，不能够灵活应对各部门的空间共享需求，不适应联合办公等节省办公空间的需求。

当然，这种独立封闭的形式可以通过不同形式的界面分隔材料进行调整，使其从视觉认知和行为流线上划分成全封闭式、透明式或半透明式。透明式常见的装饰构件是中空百叶玻璃隔断（见图2-5），可以根据需求进行光线的调整，除了采光较好外，还便于领导和各部门之间互相监督和协作。随着新材料和新技术的出现，可自由调整透明度的雾化玻璃出现，在空间内没有人的情况下玻璃为透明状态，保证整个空间的开放性；当空间内有人时，雾化玻璃为半透明的状态，能保证空间的隐私（见图2-6）。

图2-5 中空百叶玻璃隔断

图2-6 电动雾化玻璃

（二）敞开式

敞开式办公空间从空间围合形态上属于利用隔断进行半围合和完全开放的空

间形式。敞开式办公空间是将若干个部门置于一个大空间之中，每个工作桌通常用矮挡板分隔（见图2-7）。这种办公空间由于工作台集中，省却了不少门和通道的设置，节省了空间。同时，装修、供电、信息线路、空调等的费用也会相应有所降低。这种布局还便于工作台之间的联系和相互监督。

图2-7　敞开式办公空间的组合式家具

首先，20世纪中期之后，经济快速增长，企业规模不断扩大，办公室空间的需求量显著增加。办公空间的成本也成为企业运营的一项重要支出。敞开式办公空间的内部墙壁比较少，也很少使用隔断，因此能有效节省建筑和装修成本，最大化地利用空间，减少办公场所的面积需求，从而降低租金和维护费用。

其次，随着办公自动化和信息技术的发展，现代企业对办公空间的需求发生了变化。打字机、电话、传真机、计算机等办公设备的普及，使得员工不再需要单独的小空间进行工作，而是需要更多的协作与沟通。敞开式办公空间可以更好地适应这些现代化办公设备的需求，提供一个灵活和共享的工作环境。

最后，越来越多的公司开始重视员工的创造力和创新能力。传统的封闭式办公环境被认为会抑制员工之间的交流和协作，而敞开式办公空间则鼓励员工互动，促进信息和知识的共享，从而提高团队的生产力和创造力。

敞开式办公空间通常使用批量生产的组合式家具。虽然组合式家具的初始投资可能较高，但它们的长期成本效益显著。而且这些家具易于维护和更换部件，因此在整个使用周期内，总体维护成本相对较低。当需要更新办公室布局时，组合式家具可以重复使用，这样就减少了新家具的购买需求。此外，敞开式办公室通常需要最大化利用空间，以容纳更多的员工或提供更多的共享工作区域。组合式家具可以通过多种方式组合，如高低不同的工作台、可移动的隔板等，帮助创造出既私密又开放的工作空间，有效利用每一寸空间。

五、按工作集聚方式分类

(一) 蜂巢型办公空间

蜂巢型办公空间在人员工位布置上一般是单体或者小组阵列排布，是典型的开放式空间，自律性及互动性最小，属于例行性、重复性高的工作形态，适合早九晚五或24小时轮班的工作。通过调研发现，蜂巢型办公空间单一化的流线布置，人员之间缺少沟通交流，会导致员工积极性降低。

但是随着人们对高科技信息化的重视，蜂巢型的办公空间在家具的功能复合上更加多样化，不仅加强了现代通信设备的运用，实现即时的沟通，提高了工作效率。同时，在布局上也能够根据空间和实际功能进行灵活布置（见图2-8）。

图2-8 蜂巢型办公空间

(二) 密室型办公空间

密室型办公空间属于单间封闭式的办公空间，是较个人化的独立工作空间，其特点是自律度高而互动性差，适合个人化的、专注的、较少互动性的或工作时间及地点较不规律的工作。

从空间分割的处理上，一般密室型的办公空间（见图2-9）主要依赖于实体墙进行围合，形成私密性较强的独立单间，或是在开放空间中有较高的办公隔断，各种办公功能齐全，能保证个人工作不受干扰。这一类型的办公空间适合会计师、律师、电脑工程师及公司管理层等办公使用。

图 2-9 密闭独立的单间办公空间

（三）小组型办公空间

小组型办公空间是共享办公、联合办公的雏形，属团队小组式的工作空间，自律性低但互动性强，通常为开放空间或独立的组群房间。每个人有固定的工作桌和电脑，办公空间内有复印机及其他共享办公设备，其中还包含共用的洽谈桌或会议桌等讨论空间（见图 2-10）。这一类型的办公空间适合设计小组、研发团队、多媒体部门或保险业务人员等办公使用。

图 2-10 小组型办公空间

（四）俱乐部型办公空间

俱乐部型办公空间的重要特点是办公地点和工位组合模式具有灵活性，适合于高自律性和高互动性的知识工作者办公使用。办公空间可以根据不同的任务编组做调整，采用分享的规划观念：个人座位并不固定，但注意各自的隐私，个人在工作时不受干扰；会谈区可容纳少数或多数人共同讨论，而且这类会谈区并不仅仅限定在会议室等固定区域，当研究遇到问题时，可以在吧台、用餐区或者舒服的沙发上进行讨论（见图 2-11）。此类型办公空间适用于广告、媒体、公关、网络、管理顾问等公司及各类公司的创意部门。

图 2-11　俱乐部型办公空间

（五）家居型办公空间

家居型办公空间，顾名思义，是将工作、生活两个模块结合在一起，将原本分隔开来的家庭和工作重新统一起来。最早的家居型办公空间主要是在居住空间的基础上增加其他功能。后来，城市化和商务区的出现改变了人们的工作模式，商业活动逐渐撤出家居场所。但当今的趋势又鼓励人们重新把工作和起居结合起来（见图 2-12），以降低交通费用和时间成本。网络的发展对这种工作模式也起到了促进作用，还出现了专门为"SOHO"一族量身定做的住宅区。

图 2-12　家居型办公空间

六、按类别性质分类

(一) 小单间办公空间

小单间办公空间,即较为传统的间隔式办公空间(图2-13),一般面积不大(如常用开间为 3.6 m、4.2 m、6.0 m,进深为 4.8 m、5.4 m、6.0 m 等),空间相对封闭。小单间办公空间在创业公司、自由职业者和小型团队中广受欢迎。其优点是独立隔开的房间,提供了相对私密的工作环境,减少了外界干扰;空间通常大小适中,可以根据具体需求进行灵活安排,适应多种办公形式;租金和装修成本较低,适合预算有限的公司和个人。缺点是独立的小单间办公空间在共享资源(如打印机、会议室等)方面可能不如大面积的开放式办公空间便利;办公空间的面积有限,无法容纳大量的办公设备和人员,扩展性较差。

图 2-13 小单间办公空间

(二) 大空间办公空间

大空间办公空间亦称开敞式或开放式办公空间。传统间隔式小单间办公空间较难适应各部门与工作人员紧密联系的要求,因此出现了开放式大空间办公空间(见图2-14)。大空间办公通常没有单独的办公室或隔间,员工在一个大的、开放的空间内工作,会议室、休息区等资源都是共享的,旨在提高利用率;办公家具和设备通常可以根据需要重新安排,以适应不同的工作需求和团队变化。开放的布局可以打破部门和团队之间的壁垒,促进跨部门的沟通与合作,但开放的环境容易受到周围同事的谈话声、电话铃声等噪声干扰,影响专注度。

图 2-14　大空间办公空间

(三)单元型办公空间

单元型办公空间指在写字楼中出租某层或某一部分作为单位的办公室,有晒图、文印资料展示,有餐厅、商店等服务用房供公共使用。通常单元型办公室内部空间分隔为接待会客、办公(包括高级管理人员的办公)、展示等空间,还可根据需要设置会议(见图 2-15)、盥洗卫生等用房。

单元型办公空间通常提供多种面积和布局选择,从单个工位到小型办公室,甚至更大的团队空间,满足不同规模企业的需求。与传统租赁整层或整栋办公楼相比,单元型办公空间通常采用按需付费的模式,减少了初期投资和长期租赁的风险。对于资金有限且需要快速启动的初创企业来说,单元型办公空间提供了低成本、高灵活性的办公解决方案;对于需要独立工作空间但又不想承担长期租赁责任的远程工作者和自由职业者来说,单元型办公空间也是一个理想的选择。此外,一些跨国公司或大型企业也会利用单元型办公空间作为项目团队或临时工作组的办公地点,以便快速响应市场变化。

图 2-15　单元型办公空间

（四）公寓型办公空间

公寓型办公空间也称商住楼，其主要特点为除办公外同时具有类似住宅、公寓的盥洗、就寝、用餐等使用功能（见图2-16）。它所配置的使用空间与单元型办公空间类似，既具有接待会客、办公（有时也有小会议室）、展示等功能，还有卧室、厨房等居住需要的使用空间。

公寓型办公空间通常提供灵活的租赁选项，租户可以根据自己的需求选择不同大小的空间，甚至可以按月租赁，这对于初创企业和自由职业者来说非常具有吸引力。同时，公寓型办公空间设计时考虑到了居住和工作的双重需求，提供休息区、厨房，甚至健身房等设施，使得工作环境更加舒适和人性化。

图 2-16　公寓型办公空间

（五）景观型办公空间

景观型办公空间是一种将自然景观与办公环境相结合的设计方式，旨在创造一个既有利于工作效率提升，又能促进员工身心健康的工作环境。这种办公空间设计的核心在于利用自然元素，如植物、水体、光线等打造一个和谐、舒适的办公氛围。景观型办公环境能够减少员工的压力和疲劳感，提高注意力和创造力，提升工作效率，有助于提升企业的品牌形象和社会责任感，还能提供一个舒适、健康的工作环境，提高员工的满意度和忠诚度（见图2-17）。

图 2-17　景观型办公空间

(六)智能型办公空间

智能型办公空间设计的核心在于"以人为本",营造高科技、符合人们需求、安全健康、舒适高效的办公环境。智能型办公空间通常具备两个主要特点:先进的通信系统和办公自动化系统(OA 系统)(见图 2-18)。

广义的 OA 系统包括三个功能层次:基础的 OA 系统、信息管理级 OA 系统和决策支持级 OA 系统。这些层次之间通过程序模块调用和计算机网络通信相互关联。通过现代化的计算机网络通信系统,将这三个层次集成到一个完整的 OA 系统中,可以使办公信息流通更加合理,减少重复输入,提高办公效率。

图 2-18　智能型办公空间

（七）共享型办公空间

共享型办公也叫联合办公，在这里工作的人往往来自不同的企业或组织，可以自由交流并交换想法。随着中国互联网、IT、创新行业公司数目的不断增加，人们对这种联合办公空间的需求也在增长（见图2-19）。

通过调研发现，适宜使用共享型办公空间的人群主要有初期创业的大学生或社会创业者，以及自由文案工作者、补习班、设计师和自由职业者等对灵活的办公地点和基础办公服务有需求的人群。

共享型办公空间的优点：①办公地点灵活，可就近办公节省成本，能够保障办公基本服务，如上网、打印等。②灵活的经营模式为附加的功能模块，如餐饮、咖啡等，能够享受到更多的服务。③为不同的行业提供了交流的可能性，有利于激发创意。

共享型办公空间的缺点：工作岗位狭窄，容易因管理不当而丢失文件，基础服务较差，卫生方面条件较差，等等。

图2-19　共享型办公空间

（八）移动型办公空间

移动型办公空间，即公文包里的办公空间。利用公文包，可以在路上、轿车里、宾馆的房间或者在公园工作。这种办公空间的优点是灵活性强，缺点是缺少与人沟通的条件，在技术上要进行必要的投资。

以上是仅就办公空间的间隔和业务性质而言的。实际上，办公空间除了办公地方之外，还有门厅、楼梯、通道、走廊、会议室、资料系统、设备系统等许多各自不同的辅助空间，也有为提高装饰格调和档次、为用者舒适和情趣而配置的装饰品、艺术品、植物和园林等。再者，办公空间的天花板、地面、墙身、门窗和办公家具，还可以千变万化各具风采。另外，办公空间的装饰风格还会受建筑风格和其他装饰风格的影响，在不同的时代、不同的地域和民族中都会有所不同。

（九）流动办公空间

若干个办公空间是相互连贯、流动的，人们随着视点的移动可以得到不断变化的透视效果，这就是流动办公空间。

流动办公空间是一种灵活的工作环境设计理念，旨在适应现代工作方式的不断变化和多样化需求。它打破了传统固定办公位置的限制，允许员工根据任务需求、工作时间及个人偏好选择不同的工作地点和环境。这种办公方式不仅提高了工作效率，还促进了员工的创新和协作。

流动办公空间最大的特点就是灵活性。员工可以在公司的不同区域工作，甚至可以在家里、咖啡馆或其他公共场所完成工作任务；通过灵活的空间设计，可以更高效地利用办公区域，避免固定工位的浪费。流动办公空间依赖于现代化的技术手段，包括高速互联网、云计算、移动设备和协作软件等，使员工无论身处何地都能高效工作。灵活的工作环境可以提高员工的满意度和幸福感，减少通勤压力，增加工作自主性和灵活性。

（十）静态办公空间

静态办公空间的限定性强，多为对称空间和尽端空间；空间及陈设的比例、尺度相对均衡，色调淡雅和谐，给人以恬静、稳重之感。

（十一）结构办公空间

结构办公空间是一种以功能性、效率和美学为核心设计理念的工作环境，其设计强调空间的开放性、灵活性和协作性。随着科技的进步和工作方式的变革，传统的封闭式办公室已无法满足现代企业对灵活性和协作性的要求。开放式、模块化的办公空间设计应运而生，结构办公空间成为这一趋势的典型代表。模块化设计是结构办公空间的一大特征。通过可移动的家具和设备，办公空间可以根据不同的需求快速调整布局，满足各种工作模式，从而实现空间的最大化利用。结构办公空间通过巧妙的色彩搭配和材质运用，营造出简洁、现代的视觉效果。设计师常常采用干净利落的线条和开放式布局，使空间显得更加宽敞明亮。

第二节　办公空间的分隔与组合

办公空间的分隔和组合的形成离不开人的感知，室内办公空间的分隔与组合可以采用以下四种方法。

一、敞开与围合

在办公空间设计中，选择开放式办公空间或封闭式办公空间，并无绝对的优劣，它们各有各的优点和适用场景。开放式的办公环境能够增强团队的互动和协作，有助于创新思维的产生。但是它也会降低员工的私密性，影响需要高度集中精神的工作。相反，封闭式的办公空间可以提供一个安静的工作环境，有利于进行需要深度思考的工作，但可能会减少团队之间的交流和协作。因此，选择哪种类型的办公空间，取决于组织的具体需求和员工的工作习惯。

办公空间的敞开与围合是通过对空间的分割形成的，能够形成封闭式、开放式和半开放式的空间形态。其中，封闭式的办公空间，具有较好的私密性和领域感；开放式的办公空间，有利于交流和沟通，提高办公效率；半开放的弹性分割办公空间（见图2-20），兼顾两者的优点，既能够保证私密性，又能够保持空间敞开的状态，属于在办公空间布局中比较受欢迎的设计手法。

图 2-20　带隔断的办公空间

二、动与静

对于单纯用来办公的独立空间来说,其存在形式就是静态的、不杂的。接待、休息、文印、盥洗等空间相对于其他空间来说则可显得更动态、更活泼。将空间按照动与静的不同特性有意区分,对于设计安排人员流动路线(即动线)非常有益。动态空间可表达生命力,空间多呈敞开式,组织、分隔灵活多变。常利用重复形体、具有动态感的线条和图案营造动态效果。静态空间平和稳重,空间限定性强,构成单一。这里所说的动与静,实际上是相对而言的,这样分类的目的,无非就是将不同特性的空间有意区分开,以方便空间归类划分。

三、穿插与相邻

在办公空间多元功能关系的处理上,可以采用穿插与相邻的原则。穿插原则是指在设计空间时,通过不同功能区域的相互交错和融合,创造出更丰富和多层次的空间效果。这种设计方法打破了传统的单一功能区划分,使得空间更加灵活和多样化。穿插设计不仅可以提高空间的利用率,还能增强空间的互动性和互通性。相邻原则是指在空间设计中,通过创建一个或多个过渡区域,使得不同功能区或空间之间的衔接更加自然和顺畅。这种设计策略有助于提高空间的连贯性和整体感,同时也可以通过过渡区域实现功能和美学上的平衡。例如,在办公室设计中,可以将会议室和办公区安排在相邻的位置,以方便员工在工作和会议之间快速切换。

在复杂的空间中采用穿插与相邻这种设计理念,可作为整合不同功能单元的方法,同时也可以为空间带来更多的趣味,形成流动空间。

四、引导与暗示

办公人员长时间对办公环境的使用和认知,会对空间慢慢产生认同感和归属感。对于这种归属感,设计师有必要进行归纳和提炼,并将这种共性的认知经验加以利用,以便在空间设计中有意识地引导使用者的视线,以起到空间关系的前后联系及暗示的作用。

办公空间引导与暗示的载体有很多,包括墙体立面造型、楼梯等元素及天花造型,灯光层次的营造也能够起到很好的空间引导与暗示作用。

(1)通过弯曲的墙面把人们引到另一个空间,暗示另一空间的存在

当人们在空间中移动时,弯曲的墙面能够自然地吸引他们的注意力,引导他

们的视线和行进方向，从而形成一种流畅的移动体验。这种设计可以使得人在移动过程中感受到的心理和生理负担降至最低。

（2）通过楼梯或者踏步的形式，暗示出上层空间的存在

楼梯和踏步不仅仅是连接不同层次的通道，它们本身也蕴含着一种内在的吸引力，想要有效地将人流从一个空间引导至另一个空间时，合理运用楼梯或踏步的布局尤为重要。

（3）利用地面和天花的特殊处理，暗示人们前进的方向

使用渐变色彩、线条或几何图形等元素，能够在视觉上创造一种引导感，使人们自然而然地朝着设定的目标移动。

（4）灯光系统对空间的导向作用

一方面，灯光能够突出重点，营造空间的主次，带动整个空间的秩序感。通过巧妙的灯光布局，可以有效地突出空间中的主要元素，提升视觉的层次感，使得空间的主次关系更加清晰（见图2-21）。另一方面，灯光也能够通过造型和照射物体产生的光影关系参与到空间界面的构成中，是对界面造型引导的补充。

图 2-21　灯带引导空间流线

第三节　办公空间界面设计要求

一、办公空间地面设计

①地面纹饰、材质等应与整体环境相协调，应搭配天花板、墙面装饰及家具等。

②地面图案设计可以分为三类：一是独立图案；二是具有整体性和韵律感的图案（一般用于门厅、走道等公共空间）；三是更加抽象的图案，注重自由设计，一般用于私人空间。

③地面设计要满足办公区结构及物理性能要求。如果是管线铺设要求高或智能化程度高的办公空间，可在水泥楼地面上设置架空木地板，便于管线的铺设和维护。

二、办公空间墙面设计

①墙面的设计不是独立存在的元素，应该与整个空间的布局、色彩和风格相协调，营造统一的视觉效果。

②企业文化不仅反映了公司的价值观和理念，也深刻影响着员工的工作心态和团队氛围。墙面的装饰效果在这一过程中扮演着至关重要的角色。可以从企业视觉形式系统中提取出合适的造型和颜色，结合装饰材料进行表现，实现企业形象的界面立体化延伸，增强空间的整体性。

③在办公空间中，墙面不仅是视觉焦点，还承担着隔声、保暖和防火等多重功能。为了增强通往大进深办公空间的建筑内走道的自然采光，设计师常常会在办公空间的一侧设置带窗的隔断。在具体的设计上，通常将高窗设置在视平线之上，或者按照常规窗台高度（约 0.9~1.2m）来设计，以乳白色玻璃进行分隔，引入间接自然光。

三、办公空间顶面设计

办公空间顶面设计是影响整体环境和员工工作效率的重要因素之一。为了达到理想的设计效果，顶面设计需遵循以下三项原则。

1. 简洁和完整

顶面的设计不应过于复杂或花哨，以免分散员工注意力。保持设计简洁，不仅有助于创造一个干净整洁的工作环境，还能使空间显得更大、更明亮；避免使用过多的装饰元素，保持顶面设计的简洁性，让员工在工作时不会被不必要的视觉干扰影响；在简洁的基础上，适当加入一些设计亮点，如特定区域的灯光设计或艺术装饰，以突出重点，提升空间的视觉效果。

2. 考虑整体环境效果

顶面的颜色、材质和造型应与墙壁、地面、家具等其他元素相协调，形成统一的视觉效果；考虑办公空间的用途和功能，在顶面设计中应融入适当的声学处理、照明设计等功能性元素，提升员工的工作体验和舒适度。

3. 必须符合结构合理性和安全性的要求

设计师应确保顶面装饰材料和设计符合建筑结构的承重要求，不破坏原有结构的稳定性，顶面的吊顶、装饰板等需安装牢固，避免脱落风险；选择防火、防潮、防尘等安全性能良好的材料，确保办公空间的安全。特别是在电线、管道等设施的布置中，要符合相关安全规范，确保用电安全和消防安全；顶面设计还需考虑后期维护的便捷性。避免使用难以清洁或需要频繁维护的材料，设计时应预留必要的维护通道和检查口。

第四节 办公空间设计的主题、原则与设计要点

一、办公空间设计的主题

（一）形式主题法

形式主题法，即在办公空间设计中，以一个界面的形式进行有规律的重复，或者是空间与空间之间产生串联，构成一个完整的形式体系。采用主题的方法，通过主题展开联想，将其中包含的主观的或隐含的元素，甚至主题所在的环境，作为设计的元素来源。以下是办公空间设计主题的几个方向：

①办公空间色彩的应用（与生理学、心理学联系紧密）。

②办公空间的开放性（LOFT空间、实验性空间，可分析性强）。

③办公空间人性化设计（无障碍设计，多功能、易实施操作）。

④办公空间主题性空间（企业形象性强、视觉系统与室内界面装饰联系性强）。

⑤办公空间绿色设计（自然环境介入或引入，如中庭、垂直绿化等）。

⑥办公空间传统文化元素的融入（新中式风格）。

⑦办公空间光影氛围的营造（多层次）。

⑧办公空间单元式空间布局（模块化）。

⑨办公空间的设计主题也可以同其他空间类型的设计主题结合在一起，如旧建筑的改造和再生、LOFT空间的二次改造等。

(二)造型主从法

除了有明确的设计主题外,办公空间的设计也可以以设计主体造型作为出发点:有的着重体现装修材料的材质美感或装修技术;有的采用特定装修风格贯穿整个内部空间;有的设计旨在营造独特的空间造型;有的通过光线的运用营造特定氛围。

办公空间造型中的主体元素包括方向、容积和比例,而形体的构成要素还包括量、光和色(如大小、明暗、调和等)。这些关系要素之间有主次之分,设计时需明确重点,强调空间的特点和文化。

(三)突出重点法

突出室内重点界面或某一要素,是突出空间特征的重要方式。突出界面,是指在天、地、墙三大界面的设计中,着重突出一个界面,简化另外两个界面。重点界面是在空间设计中引人注目的元素,它们能够有效地吸引视线并传达设计意图。然而,过于强调这些重点界面可能导致它们与周围环境产生隔离感,进而破坏整个空间的统一性和整体感觉。因此,在强调重点界面的同时,设计师应确保这些界面仍然融入整体空间中,形成和谐的视觉效果。

而着重突出某一要素是指强调某一种形态在空间界面或家具元素中的不同造型或材质的演绎和置换。重点要素通常是那些直接吸引目光的元素,如色彩鲜艳的装饰、独特的家具或显眼的标识。如果缺少了从属要素,设计可能会显得单调乏味,缺乏深度和生气;相反,如果设计中包含了过多的要素,可能会导致空间效果的杂乱无章,让人感到困惑和不适。

(四)空间色调法

颜色和肌理是空间视觉表达的主要元素,同样也可以作为办公空间的设计出发点,或将其作为各个空间串联的共同元素。此时,颜色载体可以根据空间需求实现多样化。利用颜色肌理的表达,能够很直观地表达出空间的氛围。色系搭配选择可依现场环境感觉、个人喜好等,去做整体上的颜色搭配,使办公室环境更整体更完整。

二、办公空间设计的基本原则

现代办公空间设计要充分体现企业的物质文化和精神文化。办公空间的合理规划与设计是提高员工工作效率、减少员工流失的有效方法,在办公室装修设计方面,需要做到如下两点。

(一)符合使用要求

办公空间设计是否符合使用要求，直接关系到办公效率、员工舒适度及企业文化的体现。办公空间的设计首先需要满足不同部门和功能区域的需求。例如，销售部门需要更多的开放式空间以促进团队合作和快速沟通，而财务部门则需要更多的封闭空间以保护信息、财产安全。此外，会议室、休息区、储物空间等也应根据实际使用频率和需求进行合理布局。随着企业的发展和市场环境的变化，办公空间的需求也会发生变化。

符合使用要求的办公空间设计还应考虑人体工程学原则，确保员工在长时间工作中的舒适度和健康，包括合适的座椅高度、符合人体曲线的椅背设计、足够的腿部空间、适宜的照明和通风等。

现代办公空间离不开各种技术设备的支持，如电脑、打印机、视频会议系统等。设计时应考虑这些设备的布局和接入方式，确保员工可以方便地使用这些技术工具，同时保持空间的整洁和有序。

办公空间的设计也是企业文化和品牌形象的体现。通过色彩、材质、装饰等元素的选择，可以营造出符合企业价值观和品牌形象的办公环境。

(二)符合工作性质

设计师要根据办公空间的职能性质，合理有序地筹划布置整体空间，同时兼顾相关建筑装饰法规标准及办公人员的个人特点。办公空间设计的最终目的，除了有技术物质层面的体现之外，还包括人文精神的要求。可以让员工参与办公室装修设计的过程。一方面，可以随时了解他们的操作方式，有助于创建一个适合他们的工作空间；另一方面，可以通过征求员工的意见，了解他们希望达到一个什么样的装修效果。在收集了所有的信息后，再有针对性地、合理地进行装修改造或是重新调整，从而得到一个满意的办公空间。

符合行业特点的办公空间造型设计既要符合行业特征，又要在同行中寻求个性，加强公司形象视觉冲击力。办公空间可以说是企业留给人的第一印象，将在未来很长的时间内影响相关人员对该单位的认可度，进而影响信任度。因此，办公空间设计要在保证行业特征的前提下，体现公司形象的独特风格。

三、办公空间设计要点

为了满足企业形象、日常工作、员工心理、企业文化等方面的要求，办公室设计一般围绕三个层次的目标：一是经济实用，在设计办公室时，经济实用是首要考虑的因素之一。公司通常会设置预算，设计师必须在预算范围内实现最大效益。材料的选择、家具的采购、施工的成本等都需要精打细算，以实现高性价比。二是美观大方，一个美观的办公室能够提升员工的工作积极性和拜访者的第一印象。设计师可以通过色彩搭配、光线设计、植物装饰等元素，创造一个既舒适又专业的办公环境。三是独具品位，每个企业都有其独特的文化和价值观。通过个性化定制，设计可以更好地反映企业的特质。比如，为创意公司设计一个充满创新性质的空间，或者为科技公司打造一个充满未来感的环境。

这三个目标有着紧密的内在联系：经济实用确保了成本效益和空间利用，美观大方提升了视觉效果和品牌形象，而独具品位则通过创意和细节展现了独特的企业文化。只有综合考虑这些因素，设计师才能创造出既有效率、又有吸引力的办公空间。

本书所探讨的"企业文化"，可以狭义地理解为企业性质的办公空间，同时泛指应用于所有行政、专业或综合办公环境的集体文化价值观。尽管企业文化是抽象的，但其内涵可以通过外在形式体现。

人是环境的核心。而抽象的企业文化与具体的人共同构成办公空间设计理念的出发点。营造一个符合企业文化理念的以人为本的环境，是办公空间设计首先要完成的事项。

（一）企业文化与办公空间

1. 企业文化构成要素及体系

企业文化包括企业的使命、愿景、核心价值观、制度、习惯、仪式和符号等方面，是企业内在的精神力量和外在的形象标志。企业文化可以增强员工之间的凝聚力，使员工在共同的价值观念下团结合作。良好的企业文化有助于树立企业的社会形象，提升企业的品牌价值。

不同类型的企业，其文化可能有显著的差异。这些差异主要体现在企业的行业背景、规模、发展阶段、经营模式等方面：创业型企业的企业文化往往具有高度的灵活性和创新性，强调快速响应市场变化和创新精神，企业内部氛围较为自由和非正式；成长型企业文化通常强调效率、执行力和市场导向；成熟型企业的企业文化往往强调稳定性、责任感和持续改进。企业管理更加规范，注重维护企业形象和品牌信誉；大型跨国企业的文化通常兼具全球视野和本地化适应，强调多元化、包容性和全球协作，重视跨文化管理和全球战略统一。

对企业文化的理解因人而异，对其构成要素的看法当然也众说纷纭。西方学者大多将企业文化定义为企业的精神文化，有人认为企业文化包括环境、价值观、杰出人物、习俗与仪式、文化网络五大要素；还有人提出了"7S"模式，包括战略、结构、制度、人员、作风、技能和最高目标。在我国，一些学者认为企业文化即企业的精神文化，涵盖价值观、信仰、态度、行为准则、道德规范及传统和习惯等。

2. 企业文化的作用

（1）引导作用

企业文化为员工提供了明确的行为导向。通过共享的价值观和目标，企业文化引导员工朝着共同的方向努力。这种引导作用在企业面临变革或决策时尤为重要，它能帮助员工理解企业的长远目标，并据此调整自己的行为。

（2）约束作用

企业文化通过一系列的价值观、行为准则和规章制度，对员工的行为进行约束。这种约束不同于硬性的法律或规章，它更多的是一种软性的、内在的自我约束。员工在日常工作中，会不自觉地按照企业文化的要求行事，从而确保企业的运作更加有序和高效。

（3）凝聚作用

企业文化能够增强员工的归属感和团队精神，从而产生强大的凝聚力。当员工认同企业的价值观和文化时，他们更容易形成共同的目标和信念，这种共同的认同感能够促进团队成员之间的合作和协调。

（4）激励作用

积极的企业文化能够激发员工的工作热情和创造力。通过认可和奖励符合企业文化的行为，企业可以有效地激励员工追求卓越。这种激励不仅限于物质奖励，更多的是精神上的满足和成就感。

（5）辐射作用

企业文化不仅影响内部员工，还能对外界产生辐射作用。良好的企业文化能够提升企业的品牌形象，吸引更多的客户和合作伙伴。同时，它也能在行业内产生示范效应，影响其他企业的文化和行为。

设计师在设计办公空间时，应主要围绕上述5点，将企业文化转换为企业办公文化。

（二）不同人员的办公室设计布置

办公空间的布置应根据使用人员的岗位职责、工作性质、使用要求等不同而应该有所区别。决策层的领导如董事长、总经理及党委书记等，其工作至关重要，办公环境对决策和管理成果也有着潜移默化的影响，还具有保密和企业形象传播方面的功能，故其办公室布置有以下特点：

①相对封闭：通常是一人一间独立办公室，多设在办公大楼的高层或深处，以确保环境安静、安全。

②相对宽敞：办公室使用面积较大，采用低矮办公家具设计，扩大视觉空间，避免狭促环境带来的心理压力。

③方便工作：接待室、会议室和秘书办公室安排在靠近领导办公室的位置，许多企业将厂长或经理办公室设计成套间，外间设接待室或秘书办公室。

④特色鲜明：办公室应反映企业形象，如采用企业标准色、摆放国旗和企业旗帜、安置企业吉祥物等。

⑤办公室设计应高雅而非过分奢侈，避免俗气。

对于一般管理和行政人员，现代企业多配备集中办公的大办公室，可按部门或小部门分区，采用 1.2~1.5 m 高的低隔断，为员工创造相对独立的工作空间，并且设有专门的接待区和休息区。

第三章　办公空间设计表现

现代办公空间的发展应从人类科学技术、思想文化和审美观念出发，空间规划与设计在功能分配、材料使用、灯光设计、色彩选择、用品配置等各个方面既要满足工作性质的机构业务处理的系统性与高效性，同时也要符合以人为本的设计原则，讲究环境的舒适、方便、卫生、安全。本章主要介绍了办公空间的功能分区与平面布置、办公空间的色彩设计和材料质地、办公空间的家具选用和绿化设计、办公空间的采光和照明。

第一节　办公空间的功能分区与平面布置

一、现代办公空间的功能分区

办公空间设计的灵魂在于功能分区的巧妙布局。首先，公共区作为门面，应体现企业风貌；工作区则如同心脏，需满足高效协作的需求；辅助空间则如同血管，串联起整个空间的活力。在划分时，我们应依据建筑特性和业主愿景，大胆设想，细致雕琢。在追求实用性的同时，应更注重设计的艺术性和创新性，让每一个空间都充满无限可能。

二、现代办公空间的流线分析

在探讨建筑设计的核心要素时，我们必须深刻认识到建筑功能对其形式的决定性影响。建筑的空间布局及其形态应当与所需实现的功能需求紧密契合。在建筑内部，空间流线作为连接各个空间的纽带，其设计显得尤为重要。狭义的流线，是人们在建筑内部移动的轨迹，它串联起各个功能的空间，为人们的工作提供便利与舒适。而广义的流线，则超越了简单的物理移动，它随着人的目光流转，创造出一种流动而变化的空间感受。这种流线在设计中追求的是运动的连续性和空间的互动性，通过精心划分的空间布局，让视线得以自由穿梭，交通得以流畅无阻。

根据人流量的差异，流线有主要流线和次要流线之分。在设计空间布局之初，设计师需对整体构思有个大致的方向，然后根据实际需求为各个区域分配适宜的面积。之后，通过设计合理的流线关系，确保各个空间能有效地连接起来。在组织空间序列时，应首先考虑主要流线方向的空间布局，确保主要流动区域的顺畅与合理。同时，也不能忽视次要流线方向的空间处理，以保证整个空间的流动性和使用的便利性。

如今，办公空间逐渐从传统的绝对空间向现代的抽象空间转变。前者通常指通过物理封闭性手段分隔出的独立房间，而后者则采用开放式的布局，利用隔断等方式实现空间的间隔而非完全封闭。两种空间形态在心理效应上存在显著差异。依据办公空间的使用性质和功能需求，办公建筑的空间组合形式可以千变万化。但无论如何变化，其核心布局策略都是围绕流线布局展开的，特别是针对公共区域的门厅、电梯、楼梯等关键流线节点。办公空间的功能划分大多是因交通枢纽部分位置而分布的（见图3-1）。

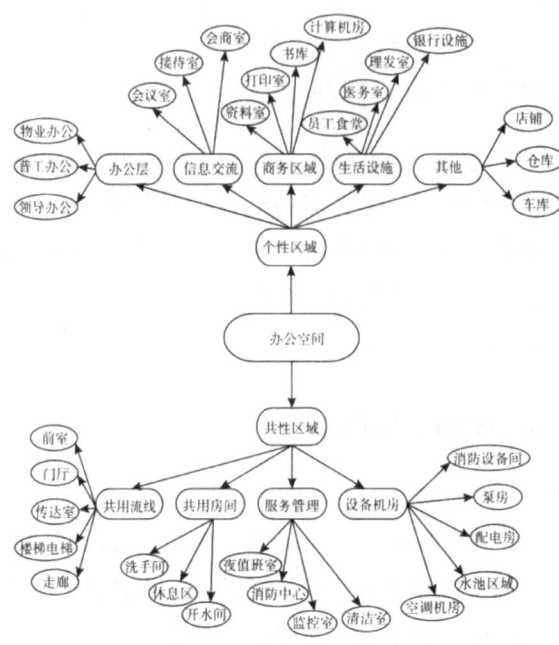

图3-1　办公空间流线分析

流线设计界定了各个功能区域的布局与形态，对于用户体验至关重要。在设计过程中，需清晰界定各类流线的特性、模式及功能性需求，进行全方位、深层次的系统化评估与研究，采用科学的方法进行规划与优化，以确保最终创造出既美观又实用，既便捷又高效且符合人性需求的环境。具体来说，进行流线设计要按照以下原则。

1. 空间的衔接与过渡性原则

对于办公空间设计，不能理解为简单的物理排列，而是经过深思熟虑的布局规划，旨在打造既功能合理又流线畅通的理想工作环境。应采用多元化的设计手法，精心设计每个独立的空间，并创造出自然顺畅的空间过渡与衔接。

2. 空间的渗透与层次性原则

在精心规划与组织各空间的过程中，需在功能布局、材料选择与照明配置等维度构建明晰的层次结构。这要求各组成部分在彰显差异化的同时，亦需保持紧密的内在联系，实现相互渗透与呼应，以确保空间的整体性与协调性得以充分体现，避免孤立子空间的形成。

三、各子空间的平面布置及案例展示

我们用一个设计案例来展示关键空间的布局和空间透视效果。这个案例关注的是某市现代物流园区公共服务中心大楼（见图3-2），建筑面积为 29 888 m^2，主楼16层，地下1层，附楼3层。通过这个案例，我们可以直观地了解每个重要空间的规划和布局。

图3-2　某办公建筑项目的入口

（一）门厅

门厅平面布置（见图3-3）。

图3-3　门厅平面布置

（二）电梯厅

电梯厅平面布置（见图 3-4）。

图 3-4　电梯厅平面布置

（三）餐厅

餐厅平面布置（见图 3-5）。

图 3-5　餐厅平面布置

（四）报告厅

报告厅平面布置（见图 3-6）。

图 3-6 报告厅平面布置

(五)员工办公室

员工办公室平面布置(见图 3-7)。

图 3-7 员工办公室平面布置

(六)会议室

会议室平面布置(见图 3-8)。

图 3-8　会议室平面布置

(七) 敞开式办公室

敞开式办公室平面布置（见图 3-9）。

图 3-9　敞开式办公室平面布置

(八) 接待室

接待室平面布置（见图 3-10）。

图 3-10　接待室平面布置

（九）走廊

走廊平面布置（见图 3-11）。

图 3-11　走廊平面布置

（十）卫生间

卫生间平面布置（见图 3-12）。

图 3-12 卫生间平面布置

第二节 办公空间的色彩设计和材料质地

在办公空间设计中，室内物体的色彩与材质至关重要。对色彩与材质的精心选择与运用，不仅能够有效塑造和改良视觉环境，还能在一定程度上弥补空间设计的潜在不足，还能影响人的情绪与心理状态。

一、现代办公空间的色彩设计

（一）室内色彩的基本概念

要想深入理解室内色彩的概念，首先要了解色彩的三种属性和分类。

1. 色彩的三种属性

色相、明度和彩度是色彩的三种属性，被合称为色彩三要素。

（1）色相

色相，即色彩所呈现出的相貌，具体来说就是色彩呈现出的红色、黄色、蓝色等。色彩之间的差异，其核心在于光波波长的不同。为了更为直观地展现这一差异，通常采用循环的色相环作为表示工具。

（2）明度

明度是衡量色彩明暗程度的指标，其数值主要受光波波幅的影响，与光波波幅变化正相关，也与波长存在一定的关联。在常规衡量中，明度会被划分为从黑至白若干等级。其中，接近白色的色彩呈现高明度，而接近黑色的色彩则相应地表现出较低的明度。

（3）彩度

彩度用于反映色彩的强弱程度及纯净饱和程度。在同一色相体系内，若某色的彩度达到最高，则称为该色的纯色。通常，色相环上展示的色彩皆以其纯色形态呈现，以确保色彩的准确性和一致性。

2. 色彩的分类

色彩体系可划分为有彩色与无彩色两大类别。其中，无彩色主要包括黑、白、灰等色调。而有彩色则进一步细分为原色、间色和复色。在色彩体系中，原色特指红、黄、蓝三种基本色调，它们是构成色彩世界的基础。间色则是通过不同原色的混合而形成的色调，如橙、绿、紫等。此外，一种原色与一种间色的结合，能够形成复色，可以进一步丰富色彩的层次和表现力。

（二）色彩的生理与心理效应

1. 色彩的冷暖感

色彩的冷暖感不是通过实际温度来衡量的，而是人类经验习惯赋予我们的一种感觉，与人类的生理感知及心理状态密切相关。色彩三要素影响着色彩的冷暖感。在光谱上，不只是不同色相有冷暖之分（如红、橙、黄为暖色，紫、绿、蓝为冷色），即便在同一种色相内，也能观察到冷暖的差别，如接近蓝色的色调更冷，而接近橙色的则更显温暖。虽然黑、白、灰这些无色系色彩在直观上并不带有明显的冷暖属性，但与高纯度色彩相对比时，同样能展现出冷暖的差异，即红色相对于白色显得更加温暖，而白色则相较于蓝色更显温暖。可见，色彩的冷暖感是基于比较得出的相对概念。在办公环境设计中，巧妙运用色彩的冷暖效果，能够营造出恰如其分的氛围。

2. 色彩的距离感

色彩的距离感是指不同颜色带给人视觉上的前进感和后退感。造成这一视觉差异的原理是，不同波长的光在人的视网膜上成像的位置不同。具体来说，暖色（红、橙、黄等）波长较长，会在视网膜内侧成像，所以在视觉上感觉距离更近；冷色（紫、蓝、绿等）则正好相反。除了色相之外，色彩的距离感的产生还与色彩的明度、纯度、面积等有关。在相同的视觉距离下，当我们看到比较明亮、鲜艳的颜色或者暖色，就会产生前进感；而当我们看到灰暗的颜色或者冷色时，又会产生后退感。总结起来，主要色彩按照从前进到后退的排序依次为：红色、黄色、橙色、紫色、绿色、蓝色。

3. 色彩的轻重感

心理联想是人们看到颜色时对色彩产生轻重感的根本原因。例如，观察到白色时，脑海中可能会浮现出轻柔的白云、棉花或雪花的形象；而深色调则让人联想起沉重的黑色矿石或坚实的大地。大众对于色彩轻重的感知大致相同。通常而言，高明度颜色比低明度颜色让人感觉更轻；低纯度、透明的颜色比高纯度、不透明的颜色让人感觉更轻。总结而言，在色相方面，颜色从轻到重的大致顺序为：白色、黄色、绿色、蓝色、紫色、黑色。

4. 色彩的兴奋与冷静

色彩还能影响人的情绪。比如，我们看到某些色彩时会感到兴奋，而看到另外一些色彩时则会冷静下来。通常情况下，相较于冷色、低明度、低纯度的颜色，暖色、高明度、高纯度的颜色对人的视网膜和脑神经的刺激作用更为强烈，能加速人体的血液循环，使人不由自主地产生兴奋感。典型的例子是，如果我们看红色看得太久，很可能引起眩晕；而蓝色作为冷色，对视网膜和脑神经刺激较弱，看到蓝色会让人感觉平静。

5. 色彩的收缩与膨胀

不同的颜色会让视网膜产生不同的反应，即引起视觉上的扩张与缩小反应。这是因为波长不同、亮度不同，光对视网膜的刺激强度也不同，波长越长，亮度越高，刺激程度越大。因此，暖色调和高亮度色彩在观感上显得更为广阔，与之相反，冷色调和低亮度色彩则显得较为收敛。此现象容易引发的视觉错觉，需要我们在设计过程中，根据颜色视觉效果的平衡原则，适当地调整颜色的使用面积。

6. 色彩的具体联想和抽象情感

具体内容如下（见表3-1）。

表3-1 色彩的具体联想和抽象情感

色彩	具体联想	抽象情感
红	火焰、太阳、血、红旗、辣椒	热烈、青春、朝气、积极、革命、活力、健康、新鲜、温暖、愤怒、防火、停止
橙	橘子、柿子、秋叶	快活、温情、健康、欢喜、和谐、任性、疑惑、危险

续表

色彩	具体联想	抽象情感
黄	黄金、灯光、闪电、金发、香蕉、菠萝、柠檬、蛋黄、枯叶、银杏叶、稻穗、黄沙	轻快、明快、鲜明、朝气、希望、快乐、富贵、轻薄、未成熟、刺激、注意
绿	大地、草原、庄稼、森林、蔬菜、青山	自然、健康、成长、新鲜、安静、和平、凉爽、清新、安全
蓝	天空、海洋、水	沉静、平静、科技、理智、速度、年轻、寂寞、冷淡、消极、冥想、阴郁、诚实、真实、可信
紫	葡萄、萝卜	优雅、高贵、细腻、神秘、不安定、性感、气魄
黑	夜晚、黑夜、黑发、黑烟、乌鸦、煤炭、阴暗	沉着、厚重、沉重、陈旧、老年、古典、不吉利、悲哀、绝望、恐怖、死亡、地狱
白	雪、云、雾、白纸、白布、天鹅	纯洁、清白、纯粹、纯真、清净、明快、和平、神圣、空白
灰	水泥、老鼠	平凡、谦和、失意、中庸

（三）色彩在办公空间设计中的作用

色彩在办公空间设计中的重要性不容忽视，其具体作用主要体现在以下3个核心方面。

1. 色彩对空间感的调节作用

办公空间是人们群体工作的场所，由于人长期处于室内环境中，不适的色彩关系会使人产生紧张、焦躁等不安情绪，工作就会失去动力，效率随之下降。因此，提高工作效率、创造舒适的办公环境是办公设计的出发点。选用空间界面的色彩时，应注重共性，满足多数人对色彩的舒适性的生理反应，采用中性的，简洁明快的色彩搭配，配色时用同一色相，变化其明度进行配色较为合适，利用装饰色彩构建丰富空间环境（见图3-13、图3-14）。

例如，彩度高、明度低的色彩看上去有向前的感觉；反之，那些彩度低、明度高的色彩给人向后的感觉。这对空间距离有很大作用。另外，深色给人感觉沉重，有下坠感；浅色会形成轻盈的上升感，被人视为轻色。暖色刺激视网膜，使人们对其作出夸大的判断，看上去会比实际的显得大；冷色则会使物体形体减小，显得有收缩感。在同样的灰色背景下，白色有扩张感，黑色显得收缩。

图 3-13　色调温润的某公司办公空间

图 3-14　运用不同材料的本色营造的清新、自然的办公环境

2. 色彩对室内光线的调节作用

各种颜色的反射率是有差异的，这与它们的明度有重要关系。明度越高反射率越高，即白色反射率最高，黑色反射率最低。所以色彩对室内光线有着重要的调节作用。明度高的颜色因反射率高，能有效调高室内亮度；明度低的颜色因反射率低，能有效降低室内亮度。比如说，淡雅的白色和米色等浅色系，它们拥有较高的反射率，能够将自然光或人工光源的光线充分反射，使得室内空间显得明亮而宽敞。这样的色彩选择，在光线不足的冬季或阴雨天气里，能够带来温暖而明亮的感觉。相反，深色调如深蓝、墨绿和黑色等，则具有较低的反射率，它们能够吸收更多的光线，减少光线反射，使得空间看起来更为深沉和静谧。在炎热的夏季，选择这些色彩可以帮助降低室内的温度，给人带来一丝清凉。

3. 色彩体现办公空间的性格

在办公空间设计中,运用不同的色彩可以对室内整体氛围产生不同的影响。因此,我们应根据办公空间的不同功能需求,精心挑选合适的色彩,以营造出与之相匹配的室内空间性格,从而满足使用者的心理与生理需求。其中,主色调的选择尤为关键。例如,为了营造一个宁静、专注的工作氛围,我们通常会倾向于采用较为淡雅的色彩作为基调。

(四)办公空间的色彩设计方法

1. 色彩设计的基本原则

(1)满足功能要求

办公空间的颜色选择需符合其功能定位,应营造出清新、明快的氛围。这样的色调能给人带来愉悦的心情和清爽的感受。在选择配色方案时,应当根据企业的风格与特色来综合考量品牌形象的整体规划,同时要结合实际空间特征,进行全局性的色彩调配,以打造出符合工作需求的舒适办公空间。

(2)符合美学法则

①统一与变化。色彩的变换与和谐构成是设计的基础准则。在室内环境中,尤其是办公空间中,应当确立一种主导色调,以彰显出特定的空间氛围、温度感受及其特性。特别是针对面积较大的办公区域,选择主导色调尤为关键。它需与空间的整体氛围相协调,同时要考虑办公室的实际功能需求及职场人员的心理偏好,以此来决定色彩的基调。确立了色彩设计的基础调性之后,就可以选择辅助色彩、强化色彩和点缀色彩,以丰富空间的视觉层次与情感体验。

确定了办公空间的基本色调后,若一味追求统一而忽视变化,极易造成视觉上的乏味与压抑感。因此,可适度引入局部的、活泼的色彩元素以增添趣味性。在进行空间色彩规划时,应严格把控每种颜色的使用面积,并确保不同色块之间的过渡流畅且相互呼应。此外,还需考虑空间色彩与周边环境的相互作用,避免色彩冲突或突兀。在选择颜色时,需精心考量各色之间的关系,以免造成视觉上的混乱或不和谐。

②调和与对比。色彩的调和旨在通过巧妙地将色彩关系进行组合与调整,营造出一种在整体上和谐统一的画面效果。通过对比手法的运用,能够更加鲜明地凸显两个要素之间的差异性,从而进一步强调并突出各自独有的特征。在办公空间设计中,若色彩对比与调和之间失衡,会导致视觉效果混乱,破坏整体美感。采用相似色调进行搭配能创造出一种统一而和谐的氛围,但是适度的对比则能更

吸引人们的注意力，增强空间的活力与焦点。在进行色彩选择时，可以考虑运用色相、明度、纯度的对比，或是将这些元素综合起来运用以创造丰富的层次感。为了加强对比效果，还可以尝试扩大对比色块的面积，提升色彩的纯度或明度，以形成更为鲜明的视觉冲击。

③均衡与稳定。有些办公空间的结构不够对称和稳定，在这种情况下，可通过色彩的明暗对比、纯度差异及冷暖效果的应用，巧妙地调整观者对空间的感知，实现视觉上的和谐与稳定。色彩的视觉均衡与稳定性是促成室内空间整体统一感的关键策略。在明度方面，亮色调给人以轻盈感，而深色调则产生厚重感；在纯度方面，鲜艳的色彩引人注目，而灰调色彩则更为内敛低调；在色相方面，暖色调趋向于突出，而冷色调则有后退的视觉效果。在实际设计办公空间色彩布局时，需深入剖析室内各元素之间的互动关联，并结合色彩使用的面积、位置、形状及功能特性进行灵活调整，以达成理想的视觉平衡。

④节奏感与韵律感。色彩的巧妙搭配可以形成节奏感和韵律感。具体来说，室内的各种不同颜色的物品，如门窗、窗帘、墙柱、办公家具、装饰灯等，都需要有规律地布置和摆放，而各种色彩的起伏和变化则会产生一定的节奏和韵律。

（3）注意色彩与材料的协调

色彩无法脱离材料而自存，在选择色彩时，必须考虑到色彩与材料之间的和谐统一，确保二者能够相得益彰，共同营造出理想的美学效果。这意味着，每一种色彩都应该找到最适合它的材料，通过这种材料来展现其独特的视觉魅力。同时，材料本身的质地、纹理及光泽等属性，也会对色彩的呈现效果产生重要影响。因此，在考量色彩与材料的关系时，不仅要重视色彩的视觉感受，还要深入理解材料的内在特性，通过恰当的材料选择和色彩搭配，实现优质的办公空间设计。

2. 色彩设计的步骤

装饰设计中的色彩设计并非是完全独立的过程，它必须与整体设计相协调，并在总体方案确定的基础上进行具体的色彩深化，以获得更好的效果，具体步骤见表3-2。

表3-2 色彩设计步骤表

设计步骤	主要任务	主要资料
方案图	绘制透视图，确定大方案	设计草图、材料色彩样本
考虑整体和局部	协调总图与各使用空间设计	方案设计图（平、立、剖面）
研讨建筑节点	编制节点一览表并予以考虑	施工图

续表

设计步骤	主要任务	主要资料
参阅标准色彩图	准备必要的色彩	设计标准色、使用材料样本
确定基调色、重点色	确定色彩，编制色彩表、色彩设计图	\
施工监理	现场修正、设计变更	\

3. 办公空间的色彩设计

办公空间的色彩设计与各类空间的设计准则有相同之处，同时也具有其自身的特性。在全球办公空间设计领域，常用的方法主要有以下3种。

①以黑白灰为基调，小面积亮色作点缀（见图3-15）。

图3-15 斯德哥尔摩某公司办公室

②以自然材料的本色为基调的配色方法（见图3-16）。

图3-16 某公司洽谈区

（3）用优雅的中性色作基调构成整体环境气氛（见图 3-17）。

图 3-17　某公司接待区

二、现代办公空间的材料质地

在进行办公空间设计时，应充分考虑材质的选择。因为材质不但看得见，还能触摸到，有质感，对使用者的感受影响更为显著。材质的纹理在视觉与触觉上的共同作用，超越了单纯视觉体验的层次。

（一）主要装饰装修材料的特性与应用

1. 饰面石材

（1）天然花岗岩

在建筑和装修领域，花岗石不单是指花岗岩，而是指一系列具有类似性质的石材，像花岗岩、辉绿岩、辉长岩、玄武岩等都属于花岗石。它们的主要成分是石英、长石等矿物质，次要成分是云母和一些暗色矿物。这些花岗石类岩石都具备花岗结构，即表面看起来为整体均粒状结构。

特性：花岗石以其紧密的结构、高强度、大密度及极低的吸水特性著称，并展现出坚硬耐磨的特点，属于一种酸性的硬质石材。它具备良好的耐酸性、出色的抗风化能力和持久性，使用寿命长，但耐火性能较差。

应用：由于花岗石具有卓越的抗风化能力，以及能够长久保持外观色泽的特性（可达一百年以上），因此它被广泛应用于墙体的基础部分和外部装饰面上。同时，鉴于其较高的硬度和优异的耐磨性能，花岗石还经常被选用在高端建筑的内部装饰工程中。

（2）天然大理石

天然大理石是地壳深处的原有岩石，由原石经历高温高压环境的地质变化而形成，主要构成部分包括方解石、石灰石、蛇纹石及白云石，可归类于中硬度的岩石类别。从化学成分的角度来看，一半以上为碳酸钙，此外还含有碳酸镁、氧化钙、氧化锰及二氧化硅等其他矿物质。

特性：天然大理石质地较密实、抗压强度较高，不易吸水、质地较软，属碱性中硬石材。易加工、开光性好，常被制成抛光板材，色调丰富、材质细腻、极富装饰性。

应用：大部分种类的大理石只适合在室内使用，如云灰大理石、彩花大理石等。这是因为，一方面，大多数种类的大理石都含杂质；另一方面，受户外环境影响，大理石主要成分碳酸钙易被风化、腐蚀，导致其表面迅速失去原有的光泽。当然，也有少量品质纯净、杂质含量低、稳定性强且耐久性好的种类，如汉白玉、艾叶青等，适合于户外环境应用。

（3）人造饰面石材

人造石材是以不饱和聚酯树脂为黏结剂，配以天然大理石或方解石、白云石、硅砂、玻璃粉等无机物粉料，以及适量的阻燃剂、颜色等，经配料混合、瓷铸、振动压缩、挤压等方法成型固化制成的。

特性：相较于自然石材，人造石在色泽鲜艳、表面光滑度高、色调均一性上表现出色，同时具备抗压、耐磨性能优越、内部结构紧密、耐久性强、比重较轻、防水、抗腐蚀能力强、色泽均匀、不易褪色、辐射低等特性。在资源循环利用上也展现出了其独特优势，对环境保护及能源节约贡献显著，属于绿色建筑材料。目前，它已广泛应用于现代建筑装饰。

应用：室内外墙面、地面、柱面、台面。

2. 建筑陶瓷

通常所说的陶瓷，是以黏土作为基础原料，并经过一系列工序包括原料加工、塑形及烧制等过程制成的一种无机非金属材质。这类材质可以被划分为两大类：陶与瓷。处于这两者之间的产品被称为炻。依据它们的致密度与均一性，瓷、陶、炻又各有粗、精之分。建筑陶瓷从材质上讲主要归属于陶与炻类别，建筑物内外装饰的干压陶瓷砖（釉面内墙砖、陶瓷墙地砖等）与陶瓷卫浴洁具（洁面器、大小便器、浴缸等）是其主要应用范畴。

3. 木材与木制品

具体包括实木地板、人造木地板（实木复合地板、浸渍纸层压木质地板、软木地板、竹地板等）、人造木板（胶合板、纤维板、刨花板和细木工板等）。

4. 建筑玻璃

在办公空间中的应用主要有幕墙玻璃和室内隔断玻璃等。

5. 金属

在办公空间中的应用主要有不锈钢和铝板吊顶等。

6. 石膏板

在办公空间中大多大面积使用纸面石膏板，用于顶棚饰面和墙面饰面。

（二）装饰材料在办公空间设计中的选用原则

1. 满足功能

在不同类型办公空间，根据各自特定需求如隔音、吸音、防火、防静电及光线管理等选择适宜的装饰材料至关重要。具体而言，在视觉与声音体验并重的办公入口处，地面常采用大理石以彰显高端与大气，但为降低地面铺设石材可能带来的噪声影响，顶部则可选择穿孔吸音材料以实现降噪效果。在注重静谧与高效的工作区域内，地面倾向于使用地胶材料，其不仅具备良好的静音特性，还易于清洁与维护。卫生间作为高频使用的公共区域，通常采用瓷砖作为地面与墙面材料，因其具有出色的耐用性和易清洁性。在需要吸音处理的会议室中，地面多选用地毯或木地板，以减少回声并提升声音品质，同时避免使用石材，以确保整体空间的舒适度与美观性。此外，会议室的墙面设计常用木质吸音板，结合天花板采用的吸声材料，共同构建一个声音和谐、功能完善的会议空间。

2. 形态优美

材料自身具备的美包括花纹、图案、纹理、色彩等要素，因此在选用这些材料时，应注意识别和运用，以充分展示其美感。

3. 健康环保

材料健康环保包括两个方面：首先是使用阶段，确保装饰材料对人体无害且对环境无污染；其次是生产过程，保障生产人员健康并实现环境友好。其核心在于低污染、无辐射。例如，采用食品级别的糯米胶作为壁纸胶水，可以避免有毒气体的释放；而硅藻泥作为一种环保型室内墙面材料，具备吸附甲醛、调节湿度、防火、抗菌除味等多重功能。

三、主要装饰材料在办公空间设计中的案例分析

（一）门厅

地面、立柱及门框均运用浅色大理石进行装饰，天花板则选用了白色乳胶漆

涂饰的纸面石膏板，墙面则以玻璃材质打造，大面积应用了反光材料，营造出明亮透彻的空间感，形成一种高雅纯净的格调，置身其中，人们会自觉降低音量，维持宁静。位于空间中央的吊灯与天花板上的环形灯带相互映衬，与下方的服务台位置形成视觉上的互动，增加了空间的动态美感。整体装饰材料的色彩柔和且和谐统一。

（二）电梯厅

电梯厅属于垂直交通和水平交通路径的交会点（见图 3-18）。人流在此聚拢，顶棚采用穿孔铝板来吸声降噪，地面采用浅色大理石整体铺贴，啡网纹走边，这属于通常做法，啡网纹和麻灰在办公空间用得较多，啡网纹较暖，麻灰较冷。

图 3-18　电梯厅

（三）会议室

此会议室设计选用的装饰材料均满足会议空间的功能需求。会议室需要安静，因此地面铺设了暖灰色的静音地毯，即便有人行走也不会产生噪声；墙面则使用了木质吸声面板。从色彩搭配来看，地面的地毯与墙面的木质吸声面板均为暖灰色调，而天花板所用的纸面石膏板软膜天花呈现白色，整体呈现出一种由浅入深的渐变色调，营造出稳重和谐的空间氛围，与会议室的环境相得益彰。在照明系统的设计上，采用了发光天花板以确保符合水平照度标准。至于施工过程，只需对地毯和木质吸声面板进行基础处理便可安装，而软膜天花的安装也十分简便：首先搭建好吊顶的框架并固定好纸面石膏板，其次安装日光灯管，最后拉伸软膜即可，整个施工流程既快捷又省时（见图3-19）。

图3-19　某集团办公楼小会议室

（四）接待区

公司接待处的平面布局及大小通常根据可供使用的现场大小及公司的规模和整个办公空间的总体布局等因素通盘考虑和设计决策。

公司接待处通常位于公司整个办公空间的最前端，临近标准层的核心部分，便于对外交通联系。公司接待处一般由接待台、来访人员休息区、公司样品展示区、公司标志墙及视觉导向系统等构成，常依据公司所从事行业的特点来进行室内设计，力求通过个性化的设计手段，以恰当的室内设计氛围向来访人员传达其公司的性格特点。

1. 柜台区

接待员的柜台能迅速地建立起公司的风格，接待员就坐在其后接待访客，因此，其位置应显著，但接待员须能直接看到门，以观察来者。接待员的座位不需架高，以免访客必须仰望接待员。

接待柜台具有双重功能，既代表了欢迎的态度，也是一个完成工作的地方。它必须负有某些职责并能传达出公司的意象。包裹、电讯、邮件以及打进来的电话都在这里处理（见图3-20）。

图 3-20　某公司柜台区

2. 座位区

现实生活中,我们总要花一些时间在等待上,而且经常是在办公室的接待空间里。在这里应注意一下照明,营造一些情调,而不以工作效率为取向。这样可以使访客辨识出这个空间,并感到愉快,如可将等候区的地板与整个办公室或接待柜台周围的地板有所区别,这样更能界定出等候空间的范围(见图 3-21)。

当然,座位是不可或缺的,舒适的座位可增强入口所建立起来的亲切感,座位可能是附属于建筑物本体的,也可以另行摆设。由于大多数访客都是陌生人,独立的座位可以减轻他们的局促不安。目前有些公司的接待区采用没靠背的座椅,如此会使访客不想停留太久。椅布必须耐用,因为在公事繁忙、访客众多时,随时都有破损之。墙面可以做些展示,迷人的商标可以诉说组织的特性,而利用展示柜陈列公司的产品,更有助于加深客户的印象。精致装裱的艺术品,细心悬挂的油画、素描或版画等,则可显示出公司的实力与品位,这些装饰品可供访客等候时欣赏。

图 3-21　某公司座位区

第三节　办公空间的家具选用和绿化设计

办公家具与使用者的关系极为紧密，其设计品质直接关系到员工的身体健康、心理状态及工作效率和质量。除了特定的定制家具外，当前大多数办公家具都通过市场采购来实现。因此，在办公空间设计中，挑选适宜的家具及合理的布局至关重要。此外，办公区域的绿化不仅能够提升环境美感、丰富员工情感，还具备划分和优化室内空间的功能。

一、现代办公空间的家具选用

（一）各类办公家具

1. 办公桌椅

作为员工进行日常工作的基础设备，办公桌椅的设计细节——宽度、高度、深度，以及坐垫的高度、深度、曲线、靠背的倾斜角度等，直接影响着使用者的身体健康、舒适体验和工作效率（见图3-22）。其中，上层配置为配备高靠背的办公椅，体积较大，调整选项丰富，体现了较高的品质感，主要供管理层使用。下层则是基本款的办公椅，适用于普通员工。鉴于办公椅需频繁移动以适应不同工作场景，其底部通常设计有滚轮，且高度调节功能多采用气压泵技术实现。

图3-22　办公椅

根据尺寸的不同和使用者的职务层级，办公桌又包括员工桌和大班台两类。

（1）员工桌

员工桌是开放式办公区域的基础组成单元。它不仅能够为每位员工提供专属的工作空间，还能够满足现代办公环境中对于人员配置多样性的需求。因此，在设计时，除了尺寸和外观，还应着重考虑其组合的潜力，以优化空间使用效率并促进工作效能。依据不同单位的性质，又可划分为两大类别：一类是服务于机关事业单位的办公家具，另一类则是面向企业单位的办公家具。一般来说，机关事业单位偏爱深色实木的办公桌，桌面上无隔断（见图3-23）。企业单位偏爱带玻璃隔断的办公单元，颜色偏浅（见图3-24）。在办公单元的尺度设计环节，应当深入考量员工的工作活动范围，同时规划隔断布局时要充分理解并尊重不同职位人员可能存在的心理需求。

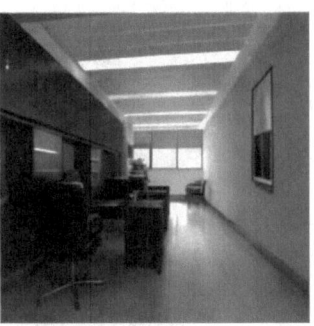

图3-23　机关事业单位用员工办公桌

图3-24　企业单位用员工办公桌

（2）大班台

在办公家具系列中，大班台作为一款常见的大型办公桌，亦被称为老板桌，主要服务于企业高层管理人员。这类办公家具采用宽大的材料制成，长度通常在一米八以上。它在企业及各类组织的高管办公室中极为常见（见图3-25、图3-26）。

图 3-25 大班台（1）

图 3-26 大班台（2）

2. 办公会议所用家具

召开办公会议时，会议桌和椅子是必不可少的办公家具。对于会议桌来说，圆形、矩形、椭圆形、船形等是最常见的款式。其中，圆形会议桌在营造平等、向心的交流氛围方面独具优势（见图3-27），图中上、中、下排分别是小型、中型、大型空间布置的圆形会议桌示例；正方形会议桌也能实现类似的功能（见图3-28）；长方形、椭圆形、船形会议桌则能有效凸显与会者的不同身份与地位，营造更为庄重、有序的会议氛围（见图3-29至图3-31）。不论哪种会议桌，进行尺寸设计或选择时，都需考虑多重因素，包括会议实际需要、会议室空间形状、会议桌椅周围的活动空间。

第三章 办公空间设计表现

图 3-27 圆形会议桌

图 3-28 正方形会议桌

图 3-29 长方形会议桌

图 3-30 船形会议桌

图 3-31　椭圆形会议桌

3. 资料储存类家具

在现代办公家具中，资料存储家具不可或缺，既可以依据个人需求进行特别定制，也可选购现成产品，但要确保具备适当的储存容量与操作便捷性。在材质上，通常有金属与木材两种选择。在规划文件柜的尺寸时，应当遵循人体工程学的原则，确保使用者的舒适度。同时，在挑选时，需综合考量空间的几何形状与整体布局，以适配家具的尺寸与规格。

（二）家具在办公空间中的作用

1. 明确功能，识别空间

家具作为空间功能性的核心元素，其布局与配置直接映射了办公区域的组织与利用方式，实质上是对室内环境的二次构想与创新运用。一套出色的设计与摆放方案，能够全面展现出空间的功能属性、标准与层次，进而为场所注入独特的个性特征。

2. 利用空间，组织空间

在室内设计领域，巧妙地运用家具摆放以实现空间分隔是一种重要策略。例如，在景观办公室中摆放沙发等家具，在敞开式办公区利用办公单元的组合，不仅实现了空间的巧妙分隔，还使空间布置更加和谐，可以确保空间的合理规划与高效利用。采用家具作为间隔，可以显著缩减墙体占用的空间，减轻整体结构的重量负担，同时还能提升空间的利用率。此外，家具布置的灵活性和多样性使其能够轻松适应各种不同的功能需求，从而满足多样化的使用场景。

3. 建立情调，创造氛围

家具一般体积较大，对室内空间的表现有重要影响。在关注家具的实用功能之余，人们还可以借助多样化的艺术手段，通过家具的外观设计来彰显空间的用途和特性。对于办公家具而言，在遵循人体工程学原则的同时，应确保其功能的科学性与构造的精练性，充分挖掘并展现材料的内在属性与独特魅力。在设计过程中，需考虑家具与特定环境、不同工作需求，以及建筑风格的和谐融合，以满足多样化、个性化的工作空间需求。

（三）办公家具的选用原则

1. 功能合理，使用舒适

家具是用来使用的，所以首要考量其功能性。家具功能设计需与该空间的使用功能相匹配，并符合人体工程学的原理，确保使用者在操作过程中获得舒适、健康、便捷的体验。此外，家具还应具备诸如搬运便捷、堆放整齐、折叠收纳、拆装简易等辅助功能，以提升其实用性和便利性。同时，在制造过程中，需充分考虑加工工艺与工业化生产的兼容性，以确保产品质量的稳定与可靠。

2. 美观大方，符合环境

办公空间设计承载着塑造企业良好形象的重要使命。家具作为办公空间的关键组成部分，在选择时，应确保其兼具美观与实用性，同时紧密贴合企业的业务性质与期望展现的形象，以达到在办公空间中协调环境、点缀增色的效果。

3. 绿色环保，有益健康

在挑选办公家具的过程中，应当严格遵循绿色环保和有益于员工健康的原则。不仅需要关注家具的设计和功能，还要注重其生产过程、原材料的选择及使用后的回收处理等方面。只有这样，才能确保办公环境既符合现代审美和实用性的要求，又不会对员工的健康造成潜在威胁，同时也保护了生态环境，实现了可持续发展。

二、现代办公空间的绿化设计

（一）室内绿化的作用

1. 净化空气，调节气候

在封闭的办公空间中，长时间的工作往往会产生大量的二氧化碳和其他有害气体。而绿色植物通过光合作用，能够吸收这些有害气体，释放出清新的氧气，从而提高室内的空气质量。同时，许多植物还具有吸附空气中的尘埃和微粒的功能，可以有效减少室内空气中的污染物质，为员工提供一个更为清新的环境。同时，室内绿化设计还有助于调节办公空间的气候。在炎热的夏季，植物叶片上的水分蒸发能够吸收部分热量，从而降低室内温度；而在干燥的冬季，植物则能够释放水分，增加室内湿度，缓解干燥带来的不适。这种自然的调节机制不仅有助于节省能源，还能为员工创造一个更为舒适的办公环境。

2. 组织空间，引导空间

利用绿化组织室内空间、强化空间，表现在以下方面：分割空间、联系引导空间、突出空间的重点。

3. 美化空间，陶冶情操

室内绿化能够起到美化环境的作用，为单调的办公生活带来一抹清新的色彩。同时，还能够提升整个空间的品位，彰显企业文化的内涵。更重要的是，人们在紧张而忙碌的工作之余，抬头看到那些绿意盎然的植物，能够使人的心情得到放松，压力得到缓解。室内绿化不仅是视觉上的享受，更是精神上的愉悦，它让工作成为一种享受，让生活充满活力。

（二）室内绿化的布置方式

在各种室内办公场所中，绿化设计需依据特定的任务、目标及功能，采用相适应的布局策略。绿化的作用与价值，会因空间位置的差异而呈现多样化，主要体现在：一是占据核心区域，如大堂正中，形成视觉焦点；二是在关键节点，如门户通道，起到引导与连接的作用；三是在边缘地带，如墙角或隐蔽角落，填补空白并增加层次感。针对这些不同区域，应精心挑选适宜的植物种类，确保与环境和谐统一。值得注意的是，室内绿化应巧妙地利用未被占用的空间，如墙边或角落，避免妨碍通行，或通过悬挂、垂吊、墙面种植或使用立体架设等手法，实现空间的有效利用，尽可能减少对室内活动区域的影响。此外，一些具有攀爬特性的植物，如藤本类，非常适合垂直绿化，以其独特的形态美增添空间魅力。所以，在办公空间的绿化布置上，不仅要考虑平面的布局，还要注重垂直维度的设计，构建全方位的绿色生态环境，营造出更为丰富和生动的空间体验。

1. 重点装饰与边角点缀

将室内绿化设置为核心装饰元素，并使其成为视觉焦点，利用其形态与色彩的独特吸引力来吸引人们的注意力,这是众多设计布局中常见的手法,此类绿化通常置于空间的中心位置。

2. 结合家具与陈设布置绿化

除了独立地进行地面布置之外,还可以巧妙地将其与家具、装饰品及照明设备等室内元素相结合,形成和谐统一的整体效果。这种融合不仅可以提升空间的美观度,还能增强功能性,实现了视觉与实用性的双重提升(见图3-32)。

图3-32 结合家具与陈设布置绿化

3. 组成背景、形成对比

办公室绿化设计还具有一种功能,即利用植物独有的形态、色彩及质感来营造视觉效果,无论是翠绿的叶子还是鲜艳的花朵,无论是作为地面覆盖还是隔断,都可以集中布局以形成统一的视觉背景(见图3-33)。

图3-33 植物组成背景

4. 垂直绿化

一般情况下，垂直绿化采取从天花板悬挂的方式。

5. 沿窗布置绿化

在窗户旁边设置绿化区域，既能保证植物获得充足的阳光照射，又能构建室内的绿色视野。

6. 中庭绿化

中庭，通常指的是建筑内部的开放空间，中庭绿化的核心思想是在这个开放空间中引入自然元素，为建筑内部提供自然的休闲空间，人们可以在这里欣赏植物，享受自然的美好，放松身心。

（三）室内植物选择

1. 木本植物

有印度橡胶树、棕竹、金心香龙血树、银线龙血树、象脚丝兰、山茶花、鹅掌柴、棕榈、广玉兰、海棠、桂花、栀子等。

2. 草本植物

有龟背竹、金皇后、银皇帝、广东万年青、虎尾兰、文竹、非洲紫罗兰、白花吊竹草、水竹草、兰花、吊兰、水仙、春羽等。

3. 藤本植物

有大叶蔓绿绒、绿萝、绿串珠等。

4. 肉质植物

有彩云阁、仙人掌、长寿花等。

第四节　办公空间的采光和照明

光线是人们发挥视觉作用，感知周围环境的基础。对于办公空间来说，其照明设计不仅需确保基础的照明标准可以满足工作需求，还应营造出一种温馨且无压力的视觉氛围。优质的照明布局不仅能增加环境的舒适度与安全性，还能激励员工的积极性，进而提升工作效率。室内的光线来源主要包括自然光与人造光源，其中人造光源因其高效率、易于调节与稳定可靠的特性，在实际应用中被普遍采纳。

一、现代办公空间的自然采光

通过采用天然光照，既能有效节能，同时还能提供更加自然舒适的视觉体验。

室内光照的质量与分布，主要受到采光位置、开口面积及布局方式的影响，通常可以细分为侧光、高位侧光和顶部光三种基本形式。

进行侧光设计时，应优先考虑光线的来源方向和外部风景，其维护操作相对简便（见图 3-34）。然而，随着房间深度的增加，采光效率会下降。为克服这一局限，通常采取提高窗户高度、实施双面采光或者利用角落采光等策略。使用高侧光则光照分布较为均匀（见图 3-35），为室内布局提供了更多可能性。而顶部照明受其他因素影响较小，虽然确保了光照分布的均衡性，但是会受到上部障碍物影响，且在管理与维修上面临一定挑战。

图 3-34　侧窗采光

图 3-35　高侧光采光

室内照明效果受到外部环境因素及内部装饰布局的显著影响,以邻近建筑为例,相邻建筑物可能阻碍自然光线的进入,但它们的表面亦能反射部分光线至室内空间。另外,窗户在室内环境中不仅是一个直接的采光入口,更是一个面光源的象征。通过内部界面的反射作用,窗户引入的光线被进一步增强和扩散,能有效提升室内的光照水平。总结起来,进入室内的日光(昼光)因素由直接天光、外部反射光、室内反射光共同构成。

二、现代办公空间照明的质量要求

作为照明设计水平的关键标准,照明质量的评估需全面考量多个维度:如艺术效果、技术参数、使用舒适性、安装及保养、能源效率及费用等。虽然在不同的项目中,各要素的重要程度有所差异,然而技术参数、使用舒适性和艺术效果这三项通常情况下都是重点关注的对象。

(一)合理的照度水平

照度,作为衡量被照射物体亮度的物理量,其数值定义为单位面积上所接受的光通量,以勒克斯(lx)为单位。这一参数是评估照明效果的关键指标,直接关系到空间内的视觉舒适度。在进行设计时,应依据《建筑电气设计技术规程》(JGJ16-83)中建议的照度标准来制定方案。值得注意的是,这些标准通常设定了一定的范围,因此,在实际应用中选取具体的照度值时,需综合考虑具体环境、使用需求及成本效益等多方面因素,做出合理判断(见表3-2)。

表3-2 室内空间照明的推荐照度

不同功能的场所		平均照度 /lx	办公空间	平均照度 /lx
非经常使用的区域的一般照明	暗环境的办公区域	20、30、50	普通办公室	500
	短暂逗留的区域	70~100	计算机工作站	500
	不进行连续工作的空间	150~200	设计室、绘图室	750
室内工作区的一般照明	视觉要求有限的区域	300~500	打字室	500
	普通要求的办公作业区	500~750	接待室、会议室	300~500
	高照明要求的办公区	1000~1500	陈列室	400

续表

不同功能的场所		平均照度 /lx	办公空间	平均照度 /lx
精密视觉作业的附加照明	长时间精密作业区	2000~4000	休息室	200
	特别精密的视觉作业区	5000~8000	楼梯间、电梯间	150
	特殊精密作业区（如手术）	8000~15000	走道	100

在设定光照强度时，需兼顾视觉与心理的双重需求。国际上的一些心理学研究指出，在诸如阅读等视觉任务中，理想的光照水平应至少达到500lx，甚至建议更高至1000~2000lx，以减少视觉疲劳。故而在可能的情况下，提升光照标准是合理的。此外，适度增强室内光照不仅能营造开阔明亮的空间氛围，还能有效提升工作效能，对提升企业形象大有裨益。

（二）照度均匀稳定

保持照度稳定对于提升工作效率和保护视力同样重要。在设计照明方案时，必须合理安排灯具布局，确保工作区域的照度最大差异保持在平均照度的六分之一以内。还应当保证工作区域的照明电压稳定，因此照明电路与动力电路应被独立设置。此外，设计照明系统时，还需确保在实际使用过程中照度始终不低于规定标准。

（三）适宜的亮度分布

在大型或者中型办公环境中，顶棚通常按照一定的布局安装隔栅灯或嵌入式筒灯等固定款式的灯具，以确保工作区域获得均衡的光线覆盖，同时能够适应灵活多变的空间划分及平面布置。这种均衡的光照设计主要服务于书写等办公需求。对于非办公用途的区域，则无须设置相同等级的照明强度，一方面，避免不必要的资源耗费；另一方面，过大的高亮度顶棚照明易引发眩光问题，进而让整体室内光线环境显得单调乏味。为此，在可以确保基础顶部照明提供适当亮度的前提下，可以增设局部且针对小范围工作区的照明设施，来优化办公空间的照明效果（见图3-36）。

图 3-36 合理间距的隔栅灯布置保证了适宜的亮度分布

工作面附近区域的亮度分布直接影响着工作环境的舒适度和效率。亮度过强易分散人员注意力,难以维持长时间的专注;过弱则易导致视觉疲劳,降低工作效率。所以,合理设定工作面光照度与周围物体表面的亮度比值显得尤为重要。办公空间亮度的推荐值如表所示(见表 3-3)。

表 3-3 办公空间亮度的推荐值

所处场合情况	亮度比推荐值
工作对象与周围之间(如书与桌子之间)	3:1
工作对象与离开它的表面之间(如书与地面或墙面之间)	5:1
照明器或窗与其附近之间	10:1
在普遍的视野内	30:1

(四)避免产生眩光

工作场所的视觉环境设计至关重要,其中有效管理眩光问题尤为关键。眩光指的是在视野范围内因存在极强亮度或是显著的亮度反差而导致的视觉困扰或能见度下降的现象。导致眩光的因素包括光源表面的亮度超标、光源与周围环境的亮度差异过于明显及灯具的布置不合理等。防止眩光的方法包括以下三种。

第一,选用符合标准的灯具,确保其具备规定的防护角度;同时,利用隔栅或建筑结构遮蔽光源,均能有效控制眩光。

第二,适度提升灯具的最低吊装高度。通常情况下,吊挂灯具位置越高,引发眩光的风险就越低。

第三,努力实现合理的光照分布,有助于显著减少眩光现象。例如,通过使用高反光率的装饰材料装修墙面和天花板,在保持相同照度水平的前提下,能有效提升空间亮度,从而预防眩光的出现(见图3-37)。

图3-37 会议室顶棚的软膜天花能避免眩光

三、照明设计的原理

室内照明的规划与设计是一项复杂而细致的工作,需紧密贴合各类人群的视觉需求,科学地配置各具功能的照明系统。简而言之,室内照明系统可归纳为以下三大核心组成部分。

(一)室内照明系统

1. 基础照明

基础照明,作为大空间内全面且基础的照明方式,旨在确保室内空间的光照均匀且充足。它使得每一个角落都能沐浴在明亮的光线之中,为办公家具和设备的灵活布置提供了极大便利(见图3-38)。

图3-38 会议室的基础照明

2. 重点照明

重点照明，作为一种特定的照明方式，旨在针对特定区域及对象实施精准投光，以此凸显并强化某一关键对象或限定范围内的照明效果，从而达到视觉上的突出与强调。例如，在办公桌正上方设置的重点照明天花板可以增加工作区域的光照强度，并相应降低非工作区域的照明水平，以此实现节能效果（见图3-39）。对会议室展示架上的展品采用重点照明，能够有效地引导人们的视觉焦点。确定重点照明的亮度时，需考量被照射物的类型、外形及尺寸等要素，确保照明效果既突出又不失和谐。

图3-39　领导办公室办公桌上方的重点照明

3. 装饰照明

装饰照明，是塑造视觉美感的独特照明手法，其根本目的在于提升人们参与各类活动的情感氛围，或是对特定被照明物体进行视觉上的强化，以此来丰富并增强空间层次感，构建出一种令人感到舒适与愉悦的环境氛围（见图3-40）。

图3-40　会议室的装饰照明

（二）照明设计的基本原则

1. 满足功能要求，提供良好的照明环境

办公空间照明设计的根本功能是配合人们在办公区域高效执行工作任务。此类照明设计需严格确保照明环境良好，以最大化地保护视力健康，提高作业效率，并有效防范生产事故的发生与差错的产生。

2. 注意照明的艺术性，创造良好的空间氛围

照明科学涉及多维度的理解，设计师除了通过功能与技术的视角进行学习与实践，还应认识到光的应用也蕴含着艺术性。设计时也需从艺术层面深入探究照明，以求创造良好的空间氛围。

3. 加强照明设计的安全性

在照明设计中，首要考虑的必须是照明设备本身的安全性。在关键区域不仅要配置常规照明，还需额外安装应急照明系统，以防意外发生。局部照明及便携式照明设备应优先选用安全电压以保障使用者安全。特别对于火灾逃生指示、疏散通道及消防梯等安全出口，应单独铺设专用电路，确保在紧急情况下能够提供必要的照明支持，便于人员疏散。

4. 注意照明设计的经济性

在进行办公空间的照明设计时，还要遵循经济性原则。首先，在选择照明设备时，应充分比较不同类型光源的能效比，优先选择高效节能的光源。其次，照明设计应合理规划照明的分布和亮度，避免过度照明。最后，利用自然光进行照明是提高办公空间照明经济性的重要手段，通过设计适当的窗户和天窗，可以有效利用日照，减少人工照明的需求。

5. 尽可能采用全谱照明

众多研究表明，全谱光线包括所有可见光，以及红外线、紫外线等不可见光线，对人类的身心健康有重要影响。所以办公空间的照明设计要尽量选用全谱照明。现今，已开发出一种性能卓越的全谱灯，其光谱输出与自然日光极为相似。随着社会对全谱光线必要性的认知不断加深，预计全谱灯将广泛应用于创造舒适的生活与工作环境之中。

四、现代办公空间照明设计的步骤

在进行办公空间的照明设计时，只有综合考量各种相关因素，精心布局，规划好每一个步骤，才能保证设计成果既美观又实用。下面将分别针对日光和人工照明，来阐述照明设计的步骤。

（一）日光

作为天然照明资源，日光既节能环保，又对人体视觉系统友好，其随时间变化带来的光影效果，为室内空间增添了丰富的层次感和动态美，使人心情愉悦。所以，虽然日光易波动、难调控，但通过巧妙设计，我们还是可以在一定程度上对其进行有效利用。

1. 日光的进入

要想有效利用日光，首先要考虑如何让日光进入办公空间内。建筑空间的位置、形式等都是重要的影响因素。当这些因素无法改变时，可以从窗户的形状、尺寸、结构等方面入手，进行合理的设计，以使日光能够尽可能地按照我们所需要的方式进入办公空间。

2. 日光的控制

为优化日光照明的品质，并缓解开窗所可能带来的负面影响，对日光实施合理控制显得尤为重要。具体而言，可以利用窗户上的配套构件与装置，如窗帘和遮光帘等，来精确调控光线，从而提升室内的照度及均匀性，确保光照质量得到显著提升。

（二）人工照明

1. 照度与视度

为保持室内环境具有足够的亮度水平，使人的眼睛能够舒适清晰地看清室内的东西，就必须保证有足够的照度水平。在物理学中，把投射在物体表面光的强度称为该物体所接收的照度，物理单位为勒克斯（Lx）。室内某一点上的照度取决于所用灯具的光功率和灯具与物体间的相对位置，光源与物体之间的距离是影响物体表面照度的主要因素。而要在一定的环境下看清某物体，必须达到相应的照度，这是室内照明设计的最基本要求。

为了使设计者在进行不同室内环境的照明设计时有相应的参照标准，各个国家都分别规定了不同的照度标准，作为设计时的参照标准。

人的眼睛只能看见一定波长范围和一定强度范围内的光线。良好的室内环境，不仅取决于充足的光照条件，还取决于其他相关的因素。人们根据不同的照明需求，以不同的方式来衡量照明的质量，来评价室内照明的适宜程度。人们根据自己眼睛观察事物的洁晰程度衡量室内光照条件的优劣，并把这种清晰度称为视度。

影响光照环境的其他因素还有以下几个方面：物体及环境的亮度；物体与背景间的亮度对比；环境中亮度的均匀程度；眩光的程度。

2. 物体及环境的亮度

在同一位置上，白色物体比黑色物体要亮得多，这说明发光能力或反光能力较强的物体有较大的亮度。在眼睛的生理调节能力允许的范围内，物体的亮度越大，它的视度也越大。不过，当物体的亮度超过一定限度时，会破坏眼睛的视觉，这种情形就是眩光。物体的亮度一方面取决于物体反射光线的能力，另一方面取决于物体所接收的光线的强弱。在室内环境设计中，各种物品都不是固定不变的，因此，室内光学设计通过考虑光源的功率及布置的方式来达到控制室内环境质量的目的。

3. 物体与背景间的亮度对比

任何物体都依赖与其背景之间的亮度对比而显现出来。书页上的字是物象，白纸是它的背景，只有这两者都在亮度或色彩上存在差异时，人的眼睛才能将它们分辨出来。物体与背景间的亮度对比越大，人眼的这种分辨能力也越强。降低物像与背景间的亮度对比，就要增加物体表面的强度，才能使眼睛获得同样的分辨力。若亮度对比减少到原来的二分之一，其照度须增加到原来的八倍以上，才能有同样的分辨力。

4. 环境亮度的均匀程度

白天人们从街道走进正在放映影片的电影院，要经过一段时间才能看清楚周围的东西。同样，从电影院走到街上，也要等些时间眼睛才不再感到光线刺目。这说明人的眼睛要经过调节才能适应不同亮度的环境。因此，在一个空间中亮度的差异太大，眼睛就会被迫频繁的调节，极易造成视觉疲劳。所以，要根据不同的照明要求，选择与环境要求相一致的灯具。灯具的功率应与灯具的位置结合起来考虑，力求使室内空间的照明水平均匀而稳定。

5. 眩光的程度

视野中的物体亮度过高，或者与背景之间的亮度对比很大，会使人产生刺目的感觉，这种情形称为眩光。夜晚开着大灯行驶的汽车，光线十分刺目，而在白天就不会发生这种情况。中午，用眼睛直视太阳，也会出现极强的眩光。所以，控制物体的表面亮度是消除眩光的根本途径。如选择表面亮度较低的灯具，或利用光学材料来扩大光源的表面积，从而达到降低表面亮度的目的。常用白炽灯的灯丝亮度是300—500sb，太阳的表面亮度为200000sb，荧光灯的表面亮度只有0.8—0.9sb。在一般性的民用建筑中，轻微的眩光不会造成太大的妨害。但某些特殊的建筑物中眩光却是必须予以消除的弊端，如展览馆、博物馆等等。另外，改变光线的传播方式，使光线不直接射入人的眼睛，也能够达到消除眩光的目的。

同一光源的眩光程度与光源和眼睛间的夹角有关,在一定的角度范围中,一般不会出现眩光。

五、现代办公空间中不同功能区域的照明设计案例分析

(一)集中办公区的照明设计

集中办公区,即开敞办公区,是一个组织或部门的主要运行核心,也是众多人员共同使用的大型空间。这个区域根据部门或工作性质的差异,通过办公家具或专门的隔板被精心划分为若干小空间,以便不同团队和个体能够高效协作。

为应对工作任务的演变,集中工作区会经常调整其布局,如对办公家具、绿植等进行重新排列,以维持空间的活力感。鉴于此,该区域的照明方案往往采用在天花板上按特定模式安装标准化灯具的方式(见图3-41),以确保工作平面拥有均衡的光照强度。然而,广覆盖的高强度天花板照明可能引发眩光等视觉不适现象,而且过分均匀的顶部光源容易让空间显得单调乏味,进而影响员工的情绪。鉴于上述问题,设计集中工作区的照明系统时,应着重考虑以下两个关键点。

图3-41 某建筑设计院的开敞办公区的照明设计

1. 解决眩光问题

应采取漫射透光及遮光手段,以实现对光源的精准控制。同时,在布局设计上,必须确保光源与工作人员视线不处于同一垂直平面内,以减少直接眩光的影响。此外,工作区域及室内装修的材质选择上,应倾向于使用无光材料,以进一步提升视觉舒适度。

2.适度的亮度分布差异可以营造出更为丰富多彩的光环境

例如，工作区域确保达到规定的照度标准，而休闲区和走廊则可以采用较低的照度。此外，还可以在维持基本天花板照明的同时，增设局部照明于工作台面，以确保其拥有充足的光照。根据相关资料的研究成果，通常建议整体照明强度为工作区照明的三分之一，而次要区域的照明强度又为整体照明的三分之一。

（二）个人办公室的照明设计

在一个单位中，中高层领导一般会有独立办公室。对于这种个人办公室，其照明设计更侧重于营造独特的美学氛围，而非过分强调光照强度。为了满足专业工作的需求，必须精心安排局部区域的照明，确保工作台面获得足够的光线。至于室内其他区域，则通过辅助光源补充照明，同时巧妙地利用装饰性照明突出空间的特色与细节。在个人化办公室中，照明方案应紧密贴合办公桌的实际布局，具有高度的定制化特征，因此对灯具的品质与设计风格有着严格的标准（见图3-42）。

图3-42　某建筑设计院的办公室照明设计

（三）会议室的照明设计

会议室的照明设计要求光线分布均匀，会议桌面达到规定的光照水平，并确保参会者面部区域拥有充足的光照，还需特别关注对视频设备、展示板、展示品及装饰物的照明处理。在整体范围内，会议室的光照强度需有所变化，一般以会议桌为焦点进行富有艺术性的照明布局（见图3-43）。

图 3-43　某公司会议室的照明设计

(四)门厅、入口的照明设计

作为一个单位的主要通道,门厅和入口是形成初步印象的关键空间,可以彰显公司的业务特色、企业文化及美学格调。为充分发挥门厅和入口的这些功能,仅依赖于墙面、地面等的装饰还不够,还应巧妙运用照明艺术,以强化门厅和入口的展示功能(见图 3-44)。

首先,门厅及入口区的主要功能为日间活动,其设计应充分利用自然光线,通过与日光融合,明确界定需在白天采用人工照明的区域与对象。其次,考量门厅的构造与美学定位,应构建内外空间的连通或分隔感,以此指导照明光源的色调与色温选择。最后,针对门厅与入口的照明规划,应巧妙地融入装饰照明的艺术表现手法,着重增强关键墙面及行人面部的垂直照明强度。

图 3-44　某公司门厅的照明设计

第四章　办公空间设计程序

办公空间设计是一项精细而有序的工作，其核心在于理性的思考与合理的工作流程，只有依托正确的思维方法和严谨的工作流程，我们才能确保设计任务的圆满完成。一般而言，办公空间的设计程序一般可以分为四个阶段，即设计准备阶段、方案设计阶段、施工图设计阶段、设计施工阶段。

第一节 设计准备阶段

一、了解委托方意向

此阶段的核心任务聚焦于调查设计,全面搜集并深入剖析各类相关数据,从而为后续的正式设计奠定坚实基础。这一阶段涵盖了以下三个方面的内容。

(一)充分了解用户的工作性质

不同的单位,因业务性质的差异,对办公空间的使用需求各有千秋。例如,房产公司倾向于拥有优质的展示与洽谈区域;而银行则追求豪华的门面、气派的大厅及安全稳固的营业柜台;对于贸易或技术服务公司而言,客户接待室与业务室同样重要,它们共同构成了公司日常运营的核心。此外,不同单位在资料储存和工作方式上亦有所区别。为了更准确地把握这些差异,我们应详尽记录各单位的具体需求,以减小理解与实际要求之间的差距。

(二)了解委托方预计投资和项目完成期限

在任何设计项目中,资金的投入都是限制性的因素,因此设计的方向需精确资金状况进行定位。在明晰委托方预计的投入额度后,设计师应基于此进行装修档次与最终效果的预想,以便缩小双方在此问题上的理解与预期差异。

此外,委托方通常基于经营和效益的考量,会严格把控项目设计及其施工的时间期限。对此,设计师应制订合理的设计与工程进度计划,并在可能的情况下,尊重并遵循委托方对工期的具体要求。

(三)了解委托方审美倾向

由于设计的核心宗旨在于满足委托方的需求,因此与委托方的交流不仅是对其审美趣味的探寻,更是一次巧妙引导、充分施展设计师能力的机会。

二、了解机构职能

设计单位在规划办公空间时,应深入了解使用方的机构整体运作方式及其职能实现过程,同时把握机构内部各部门的组织结构、具体功能、分工及相互间的配合关系。这些是制订办公空间整体规划和功能空间布局不可或缺的依据。

三、施工场地勘测

设计单位需亲自前往施工场地进行实地勘测,深入了解地理条件、建筑环境及各个空间的布局与衔接关系。尽管建筑图与工地之间在尺寸上可能存在差异,且即使是最为详尽的建筑图也难以精准标绘出各种梁柱、排污等设施的细节,但对这些元素的深入理解却是设计的基石。此外,还应细致考察建筑的结构特点,充分考虑未来装修中结构的固定与连接方式,以确保设计的实用性和可行性。

四、制订设计计划

在完成与委托方的深入沟通并达成一致意见之后,便可接受任务委托书,并与委托方签订正式的合同。在合同中,将详细列出设计进度安排,以确保项目能够按计划顺利进行。同时,还要明确收费标准和方法,保障双方的权益。在此基础上,双方就可以开始正式的合作,共同推进项目的实施。

第二节　方案设计阶段

在经过实地勘测之后,设计单位与委托方进行深入的交流与讨论,以对项目的背景、需求及预期目标有全面而准确的理解。在完成了这一系列的前期准备工作之后,双方正式签署设计施工合同或委托书(对于招标工程而言,这一流程可能会有所不同)。一旦这些官方文件得到妥善处理,设计单位便可以着手进行设计方案的思考。

方案设计阶段是在准备阶段的基础上,进一步深入搜集和整理与设计任务相关的各种资料和信息,对这些资料进行细致的分析,并将其与设计准备阶段所积累的经验和知识巧妙地结合起来,用于指导方案的设计。在这个阶段,设计师需要在脑海中形成一个清晰的设计构思,并将其通过方案图的形式表现出来,展示在设计委托者的面前。

一、分析资料

(一)项目分析

在进行设计工作之前,我们必须详尽地理解和把握设计任务的各项具体要求。包括对设计项目的全面深入分析。这样不仅能够确保设计工作的顺利进行并取得预期的成功,而且能够在有限的时间内实现更高的效率,达到事半功倍的效果。

在对设计项目进行分析的过程中,设计师需要从多个维度和层面对项目进行细致的考量。我们要明确设计项目的根本使用性质,它是作为居住空间、办公场所、商业设施还是其他功能区域。同时,要深入理解其独特的功能需求和特点,包括空间的布局、流线、光照、通风等方面。此外,设计的规模和等级标准也是不可忽视的因素,这将直接影响设计的复杂程度和所需资源的投入。我们还需要确定设计项目所追求的室内环境氛围或艺术风格,这是设计工作的灵魂所在,它将直接关系到设计的美观性和用户的体验。

(二)调查研究

设计项目的成功离不开深入的分析与细致的调查研究,在进行调查研究时,我们可以从以下4个方面着手。

①进行设计现场的实地考察,以明确现场的地理方位、交通状况及建筑结构状况。

②对材料市场情况进行全面调查,以确定拟选用材料的可行程度,同时明确各种材料的种类和价格,确保设计方案的经济性和实用性。

③通过实地考察同类室内空间的使用情况,我们可以增强对设计方案的感性认识,从而更好地满足用户的需求和期望。

④查阅相关资料,寻找设计依据和灵感,为设计方案的制定提供有力的支持。

二、确定初步方案

方案设计过程是通过科学和理性的分析来发现问题,然后提出问题并解决问题的艺术创造过程。从设计师的角度来看,这个过程中的思维方法需要关注以下几个方面:第一,要具备宏观的视野和微观的操作能力,既要把握整体的大局,又要关注细节的落实;第二,应该先从内部开始,逐步扩展到外部,然后再从外部回到内部,实现内外部的有机结合;第三,要注重意念的引导和笔触的呈现,意在笔先,或者笔意同步。

一套完整的方案图应该包括以下方面:①平面图;②立面图;③顶面图;④室内透视效果图;⑤材料样板图和简要的设计说明。

对于较为简单的工程项目,平面图和透视图通常即可满足需求。然而,方案图的作用在于准确传达设计概念，因此在绘制平面图和立面图时，除了确保精确性并遵循国家制图规范外，还需全面展现包括家具和陈设在内的所有内容。细致的图纸能够进一步体现材质和色彩的细节，为设计提供更为丰富的表现力。至于透视图，则要通过多样化的表现手法，力求真实再现室内空间的实际景象，为观者呈现一个立体且逼真的视觉体验。

三、编制装饰概算

概算是建筑单位和施工企业在进行招标、投标和评标过程中的重要参考依据。在装饰工程的概算编制中，宜采用"定额量、市场价、竞争费率、一次包定"的方式。

1. 定额量

定额量指的是根据设计图纸和概预算定额的相关规定，所确定的主要材料使用量和人工工日。

2. 机械费

机械费指的是根据定额的费用所测定的系数，经过计算并调整后得出的费用。

3. 市场价

在计算过程中，无论是材料价格还是工资单价，都应以市场价为基准进行计算。同时，对于黏结层及辅料部分的价值，可根据实际情况进行自主调整。

4. 总造价

通过定额量与市场价的结合，确定工程的直接费用。在此基础上，再计算企业的经营费、利润、税金等，最终汇总得出工程的总价格。

四、方案的修改与确定

委托方将对初步方案进行一审或二审的审核流程。在这一阶段，设计师需展现出卓越的沟通技巧，与委托方深入交流设计思想，并经过反复修改和调整，逐步完善初步方案，为后续的深入设计工作奠定坚实的基础。

第三节　施工图设计阶段

设计方案经委托方通过后，即可进入施工图设计阶段。

一、深入设计

根据反馈，设计师需对既有方案进行深度优化。在遵循空间整体设计概念的基础上，应进一步细化室内的家具、照明、设备，以及艺术品的设计细节。具体而言，需要仔细推敲这些元素的造型、质地、工艺、色彩及型号选择，确保每一处细节都精准到位。

二、施工图设计

施工图设计要标准规范，因为图纸是施工的唯一科学依据。一套完整的施工图包括如下方面：

①平面图。
②顶面图。
③立（剖）面图。
④节点详图。
⑤大样详图。
⑥水电设计图。
⑦暖通设计图。
⑧装饰材料实样组织。

与方案图有所区别的是，施工图中的平面图、立面图及顶面图主要展示的是地面、墙面、顶棚的结构形式，以及各种材料的分界线和搭配比例。在平面图中，我们可以清晰地看到各个房间、走道、楼梯等空间布局的详细信息，以及地面材料的使用范围和铺设方式。立面图则展示了墙面的高度、厚度及材料的使用，还包括了门、窗、柜等家具的位置和尺寸。顶面图则揭示了顶棚的构造形式、灯具的安装位置，以及供暖通风、消防烟感喷淋、音响设备等各类管口的位置，确保施工过程中的准确性和安全性。

施工图中的详图主要分为节点详图和大样详图两种。节点详图，作为剖面图的细致解读，主要聚焦于不同界面转折和不同材料衔接过渡的构造细节，其常用的比例尺范围为 1:1～1:10。而大样详图则侧重于平面图与立面图中特定装饰图案的施工放样表现，对于自由曲线较多的图案，通常还需加注坐标网络以确保施工准确性。

一旦施工图完成，工程便可顺利进入施工阶段。然而，在施工过程中，有时也可能需要根据现场的实际情况，对施工图纸进行相应的局部修改或补充，以确保工程的顺利进行。

三、编制施工说明

在完成施工图设计后,就要编制详尽的施工说明。除了明确标注项目名称、建设单位名称,以及建筑设计单位名称外,施工说明的编制还要依据以下关键内容进行。

1. 设计依据

2. 工程项目概况

①项目概况。

②建筑装饰装修设计的范围和主要内容。

③本工程的建筑防火分类、耐火等级和民用建筑室内环境污染控制分类。

④需要介绍的其他情况。

3. 设计说明

①一般说明。

②内隔墙工程设计。

③顶棚工程设计。

④地面工程设计。

⑤门窗工程设计。

⑥照明工程设计。

⑦声环境工程设计。

⑧楼梯、踏步、栏杆设计。

4. 装饰装修材料选用要求

5. 施工说明

①一般说明。

②施工安全要求。

③室内环境污染控制。

6. 图纸说明

四、编制施工图预算

在施工图设计阶段的最后环节,必须着手编制详尽的施工图预算。施工图预算对于建筑单位和施工企业来说至关重要,它是双方在签订承包合同时的基础,是拨付工程款项和最终工程结算的官方依据,也是施工企业内部制订经营计划、实施经济核算及评估经营成果的重要参考。施工图预算所反映的成本估算,必须严格遵循之前已被批准的初步设计概算的造价上限。若在编制过程中发现预算超出预定范围，那么相关负责人员需要对这种情况进行深入分析，并迅速采取必要的调整措施，如优化设计方案以降低成本，或者将调整后的预算上报给相关部门进行审批。

施工图预算的编制工作由设计单位负责。编制过程中要遵循一系列既定的方法，包括依据施工图设计文件、预算定额（也称为基础定额）所规定的各项工程项目的划分、计量单位，以及相应的工程量计算规则。在预算编制的具体步骤中，工作人员应细致、分步、分项地计算工程量，然后综合考虑相关的价格因素、取费标准及市场行情。预算编制步骤如下：

①准备资料，熟悉施工图纸。

②计算工程量。

③确定基础定额，计算人工、材料、机械数量。

④根据当时、当地的人工、材料、机械单价，计算并汇总人工费、材料费、机械使用费及直接费总值，得出单位工程直接费。

⑤计算其他直接费、现场经费、间接费、利润和税金，并进行汇总，得出单位工程造价。

⑥复核。

⑦编写说明。

第四节　设计施工阶段

设计施工阶段是整个工程实施流程中的关键环节，它是将设计理念转化为实际存在的必经之路。施工行为是实现设计意图的直接方式，其质量的高低也对设计成果的最终呈现有着决定性的影响，因此我们必须给予高度的重视。

针对办公空间项目的施工，设计师有责任向施工团队详尽阐述设计理念及其背后的深层次意图，并对图纸中的技术要点进行详细解读，确保施工人员能够准确理解和把握设计的核心内容。在工程施工的整个过程中，设计师应保持持续的关注，要定期亲临施工现场，了解施工进度情况，并与施工方进行沟通，确保施工活动按照既定的计划和标准进行。这是设计师责任心和职业素养的体现，同时也是保障工程质量的重要措施。施工现场是一个复杂多变的环境，常常会出现设计图纸上未能预料的问题。面对这些突发情况，设计师需要具备快速反应的能力，根据现场的实际情况，对设计图纸及时进行调整或补充，以确保工程的顺利进行。当施工全部完成后，设计师还应与质量检验部门和建设单位一同按照设计图纸和相关标准，对工程进行严格的验收。这是对工程质量的最后一道把关，也是对设计师工作成果的最终检验。

办公空间设计工程囊括了诸多复杂的设备安装施工环节，这包括照明设备、空调设备、消防设备、用水设备以及各类办公设备。在安装过程中，除了严格遵循各设备的专业技术标准，专业技术人员间的协调合作也显得尤为关键。各技术小组需要相互理解、支持和配合，才能使设计方案的整体效果得以完美呈现。因此，设计师必须具备卓越的沟通与协调能力，能与其他专业技术人员紧密合作，确保设计方案的顺利实施和达成。

第五章　办公空间设计新趋势

传统的办公空间是工作的"容器"，而现代新型办公空间则是工作和交往的"桥梁"。这种新型空间融合了灵活的交流空间与多样化的工作空间，摒弃了传统的金字塔式办公模式，将原本的单一程序性的工作场所转变为一个充满活力、充满思想碰撞的信息交流中心。本章主要介绍了办公空间设计新趋势概述、环保节能类办公空间、生态绿色类办公空间、智能类办公空间、LOFT类办公空间、复合类办公空间。

第一节　办公空间设计新趋势概述

办公空间已经成为现代人们日常生活的一个重要组成部分，它不仅仅是工作的场所，更是人们社会活动、人际交往和自我实现的舞台。随着时代的不断进步、社会历史的沧桑巨变、设计理念的更新换代、建筑技术的革新、材料的创新应用、家具和设备的升级换代，以及人们工作模式的转变和办公工具的革新，办公空间的设计也在不断地发展和演变。现代办公空间设计随着这些发展呈现出多样化的新趋势，它既是对以往办公空间的继承、延续和发展，也是为办公空间的进一步发展和演变奠定基础。

现代办公空间的设计已经不再仅仅局限于传统的框架内，而是需要考虑更多层面的因素，这些因素包括科学、技术、人文、艺术等。设计师不仅需要在风格与实用之间找到平衡，还要在创新和人性化设计中不断探索，这些都是现代办公空间设计面临的新挑战和新课题。当代设计理念的多元化和共享化已经逐渐成为人们关注的焦点。人们越来越意识到，一个良好的办公环境应当是既能满足工作效率，又能提供舒适的生活体验。在设计理念上，办公空间的设计不再只是封闭的单一空间，而是转向更加注重开放性、共享性和灵活性的设计。同时，随着环保意识的增强，生态环境的设计也日益受到重视。设计师应开始深入思考如何在办公空间设计中融入人与自然和谐共生的理念，同时实现节能高效的目标。这就要求在设计过程中，既要充分考虑人与人之间的互动关系，也要考虑到人与机器、人与环境之间的协调配合。换句话说，现代办公空间设计已经不再满足于仅仅追求形式上的美感、满足基本的功能需求或是追求空间利用的最大化，而是要满足现代办公空间多样化的功能需求，包括节能环保及智能办公技术的需求，同时还要兼顾舒适性和空间对人们工作效率的最大化提高，以及在心理上对人们的影响。

一、人性化趋势

人性化设计的核心是深入关注人的需求。在办公空间的设计中，人是不可或缺的主角，同时也是设计的核心主题和服务的主要目标。因此，人的多样化需求是引导设计走向的关键因素。在"以人为本"的设计理念下，设计师逐渐将注意力从单纯的产品转向了真正的使用者——人，他们努力创造出更加符合人性化需求的办公环境，这成为设计师未来的重要目标之一。随着数字化时代的到来，技术得到了空前的发展。在这个竞争激烈的社会环境中，人们对于工作和生活空间的需求也发生了变化，他们需要一个既舒适方便，又功能齐全的办公空间。因此，设计不仅仅是对物理空间的设计，更是承载了对人类精神和心灵层面的慰藉，它关乎人的情感和体验，是对人的深刻理解和关怀的体现。

二、生态化趋势

中国古代就有"天人合一""物我一体"的哲学思想，彰显了自然与人之间的内在和谐。未来的室内设计应该是生态化的设计，作为设计师，需要有社会责任感，不应仅追求一时的视觉效果而造成过多的浪费。相反，我们应选择环保可持续的材料，守护而非破坏生态平衡。我们应致力于创造环境友好型的空间，使人与自然和谐共存。办公空间设计属于小环境的创造，其核心目标在于打造优质、舒适的工作环境，即设计师需要关注室内温度、照明光线、空气湿度、空气质量及通风状况等，以确保这些因素都能达到理想的工作环境标准。在设计过程中，对能源和材料的使用应秉持节约原则，实现能源的重复利用和循环使用。此外，我们还应积极采用可再生资源，以降低对环境的负面影响。

三、多样化趋势

多样化办公空间趋势主要包括智能化、复合化和虚拟化。多样化的设计趋势使得办公空间更加丰富多彩，更能符合人们物质和精神上的需求。

信息技术已经渗透到我们生活的每一个角落，不仅改变了我们的生活方式，也深刻影响着我们的办公空间的变化。在办公空间设计方面，从办公室的设计，到工作流程的优化，再到办公设备的更新，都可以看到信息技术的应用。随着智能化建筑的发展，办公空间也将呈现出智能化的趋势。未来的办公空间将越来越以信息化、智能化办公需求为主。例如，多功能一体机代替了打印机、传真机、扫描仪。

未来的办公空间将不再局限于传统的单一功能，而是向多功能、复合型空间转变。未来的办公空间可以与酒店、餐饮、购物、健身、娱乐、会议、游憩等多种功能相互融合，以满足信息社会的需求。

伴随着产业结构的不断优化和经济水平的持续发展，大量的人群正逐步踏入办公空间，投身于各类办公活动中。在这样的背景下，办公空间室内设计越来成为业内人士热议的焦点。为了深入挖掘办公空间的发展新动向，我们必须在确保满足现代办公空间基本功能的基础上，进一步融入更多的艺术元素和技术要素，力求打造开放共享、灵活多变的办公环境，以实现社交休闲、生活办公的有机结合，打造多元化的复合型空间。

第二节 环保节能类办公空间

如今节能环保已经成为现代社会的首要问题，办公空间作为一个重要的生活、工作空间，也应该积极响应并践行环保节能理念。

随着社会对环保意识的不断提高，节能环保的设计理念在办公空间设计中已经逐渐成为一种不可逆转的趋势。设计师面临着一系列挑战，包括如何处理空间布局、如何选择环保材料，以及如何实现办公空间的节能环保等。这些问题不仅关系到办公空间的舒适度与工作效率，更体现着我们对环境的尊重和保护的理念。因此，在设计过程中，我们必须深入思考并解决这些问题，以确保设计既美观又实用，同时还能满足现代社会对环保和可持续性的高要求。在室内设计领域，环保节能的设计理念就是摒弃那些无用、繁杂冗余及非必需的元素，转而采用简洁而实用的元素的设计原则。在材料的选择上，应倾向于使用绿色天然、生态环保的材料，并且尽力避免任何不必要的能源消耗。设计时，还应确保室内具有良好的自然通风和采光条件，以创造一个安全、舒适且亲近自然的环境。

一、环保

（一）轻装修重装饰

装修就是对一个空间进行布置的基本规划，也就是我们常说的硬装部分。它不仅要满足基础设施的需求，更要满足房屋的结构、布局、功能和美观等多方面的需求。装修指在建筑物表面或者内部添加的一切装饰物。装饰是我们常说的软装部分，它是人类为了满足功能性和美观性的需求，而附加在建筑物表面或者室内的装饰物和设备等。装饰可以是一个画框、一盏灯具、一把椅子，或者是一个窗帘。它们不仅可以美化空间，还可以提升空间的品位和氛围（见图5-1至图5-3）。

第五章　办公空间设计新趋势　091

图 5-1　桌面软装

图 5-2　家居装饰

图 5-3　餐桌软装

在设计中,"轻装修重装饰"指在装修中如果过分依赖于硬装,增加无谓的造型,在后期既不利于更改,又会产生许多浪费。而软装的方法内容丰富,相对于硬装而言,软装注重设计技巧的运用,注重设计要素搭配及设计要素对人们的心理感受,软装使用材料少、施工步骤少,对材料和资源的消耗少,其环保性十分明显,除此之外,软装还能给人们带来许多个性化的选择,根据不同的需要来设计软装可以改变其风格,活跃办公空间的气氛。

以前的室内环境设计中也会有与软装饰材料相关的设计,但是其所占的比例微乎其微,并未成为设计师和居住者考虑的重点,但是,这种状况近年来正在发生急剧的变化。目前国内室内环境设计中流行的"轻装修,重装饰"的设计理念,使软装饰材料的设计和生产得到了大力发展,软装饰材料优势得以充分发挥。软装饰材料种类繁多、形式灵活多变的特性,也为软装饰的设计提供了广阔的空间。虽然说现在室内设计出现了各种设计风格,软装饰材料市场上也有很多的成品与之相适应,但如何挖掘和利用软装饰材料的造型式样、色彩图案材料质感等去表现室内环境的民族化、人性化、个性化和统一性,仍然是人们追求的方向。

(二)低碳设计

在现代社会,可持续发展的理念已经深入人心,人们开始关注如何在经济发展的同时保护环境,发展低碳经济成为普遍共识。在这种背景下,室内设计行业也开始积极转向低碳化,以响应"低碳城市"和"绿色办公建筑"的潮流。例如,通过合理布局,充分利用自然光,减少照明系统的能耗;采用节能型空调、热水器等设备,降低能源消耗;在室内装饰中,选择环保材料,减少有害物质的排放,保障办公人员的健康;等等。通过合理设计室内空间,可以使人们在办公过程中感受到舒适和愉悦。

在材料的使用中,对于环保可循环材料的使用已经越来越普遍,其中木塑板(见图 5-4)这种新型材料在市场中十分流行。木塑板是采用各种废旧塑料、废旧木料及农作物的剩余物复合而成的。这种材料的广泛应用,有助于减轻塑料废弃物的污染,同时也能够缓解焚烧农作物带来的环境污染问题。木塑复合材料作为一种全新的环保产品,是对废弃材料进行回收利用,是实现生态环保的复合材料,具有经济效益和环保效益,在办公空间设计中是十分不错的选择。

除了木塑板,树脂板(见图 5-5)、海基布(见图 5-6)、椰壳板、黑板漆也是常用的环保材料。这些新型的环保材料,不仅能够在使用过程中极大减少资源的浪费,而且还可以被多次循环利用。使用这些材料,可以实现办公空间的低碳环保设计的目标,这既能够减少对自然资源的无谓消耗,又能有效减轻对生态环境的负面影响。

图 5-4 木塑板

图 5-5　树脂板

图 5-6　海基布

二、节能

环保的节能设计即通过一切技术手段减少办公空间对自然资源和能源的消耗，减少对自然的伤害，注重使用绿色材料保障员工的健康，提高员工的劳动生产率，为广大员工提供良好的工作环境，体现可持续、高效发展的原则。对于办公空间设计而言，良好的采光可提高工作人员的工作效率。曾有研究表明，良好的日光效果可以使工作绩效增长 5%～25%，已经成为未来办公空间设计的主流趋势。欧美不少国家已经开始开发这种技术并将其定为一种标准。

良好的通风设计是提升空气质量及优化办公环境的关键手段。建筑通风是生态建筑广泛采用且相对成熟的技术。相较于机械通风和空调制冷，自然通风有着无可比拟的优势：首先，它能够在不需要消耗任何能源的情况下，有效地降低室内温度和湿度；其次，自然通风可以有效地抑制细菌和病毒的生长，从而营造一个健康而舒适的生活空间。

三、案例分析

（一）环保与时尚——Gummo 办公空间设计

Gummo 是一家独立且提供全方位服务的广告公司，坐落于阿姆斯特丹，是一个临时性建筑。i291 室内建筑事务所，作为一个富有创造性和多功能的工作室，专注于智能化设计。i291 坚信客户在打造时尚办公空间时，应秉持"减量、重复利用、循环再造"的环保理念。这种理念能最大限度地减轻对环境的负担，同时减少客户在经济上的压力。这不仅对环境产生积极影响，也能有效地节省成本（见图 5-7）。

图 5-7 书吧

i291 通过自然、简约且务实的设计理念，巧妙地展现了 Gummo 的个性，凸显出朴素、直接且不失时尚与幽默感的办公环境。在此空间中，装饰色彩仅限于白与深灰，所有家具均经过精心挑选，它们要么是可循环再利用的，要么源自 Marktplaats（荷兰的 eBay）和慈善商店。所有家具都通过环保的聚脲热喷涂工艺被处理成深灰色的统一色调。

i291 所打造的办公空间，独立于原有的建筑环境之外，它是一片占地面积达 450m² 的开放空间，极具视觉吸引力。统一的家具和装置色彩，使得人们的目光被完全聚焦于这片空间，而非被周围环境所分散。极简的内部设计不仅为空间带来了整洁感，更使得不同种类的家具得以和谐共存，为 Gummo 广告公司创造了丰富而有趣的细节。深灰色的地面巧妙地划分出接待区、工作区、休闲区等区域（见图 5-8）。

图 5-8 台球室

　　i291 以追求耐久的设计理念为核心，致力于实现内部空间的长期高效使用。Gummo 办公环境便是其设计理念的生动实践。随着公司的成长或场地的变换，能轻松地进行扩展或缩减。i291 摒弃了常规的设计手法，不刻意追求风格，而是采用简约而近乎抽象的手法，展现结构与节奏的美感。Gummo 办公环境堪称以最低成本构建优质临时空间的典范。

　　临时性与可持续发展，这两个看似矛盾的概念，在室内设计领域一直备受关注。鉴于众多内部空间的设计使用周期通常不超过五年，这一问题越发凸显。然而，通过 Gummo 办公环境的设计，我们似乎找到了解决之道。i291 提出了一个别出心裁的解决方案，即所有元素均采用深灰色调，并通过简洁的分区系统相互连接，从而展现了一种既实用又富有创意的设计理念（见图 5-9、图 5-10）。

图 5-9 办公室

图 5-10　办公桌

(二)基辅 Yandex 公司办公室

Yandex 公司在基辅办公室由在莫斯科的 za bor 建筑事务所设计(见图 5-11、图 5-12)。

图 5-11　走廊 1

图 5-12　走廊 2

　　Yandex 公司位于俄罗斯叶卡捷琳堡，公司办公室雄踞在一个新商务中心的 15 层楼，其设计平面独具匠心，形似马蹄，室内空间皆围绕垂直交通系统巧妙布局。建筑师 Arseny Borisenko 和 Peter Zaytsev 在评价这一设计时强调，他们致力于实现每一项工程的环保理念。在 Yandex 公司基辅办公室，他们以自然材料打造的空间彰显了人性化的设计理念：他们致力于创造一个现代且备受欢迎的空间，将这家 IT 公司对员工关心与重视也融入其中。这里不仅舒适宜人，更营造了新奇与愉悦的氛围（见图 5-13、图 5-14）。

　　鉴于空间有限，设计师巧妙地运用了复杂的几何造型，旨在为使用者带来别具一格的空间体验。两层独特的玫瑰隔墙设计，与之协调的楼梯，共同营造了一种新颖且富有层次感的氛围。每层精心布置了 15 个工作位和一间会议室。而且为了满足日常需求，尽管空间紧凑，仍巧妙地设置了便捷的咖啡区，让工作间隙也能享受片刻的休闲与舒适。

图 5-13 办公室 1

图 5-14 办公室 2

第三节 生态绿色类办公空间

在全球生态危机日益严峻的当下,人类深刻地认识到保护自然与生态环境的紧迫性。这种共识在设计领域就体现为可持续发展的原则。可持续发展的概念起源于 20 世纪 80 年代后期,并在 1987 年联合国发布的《我们共同的未来》的文件中正式提出。该文件指出:"可持续发展是指应该在不牺牲未来几代人需要的情况下,满足我们这代人的需要的发展。这种发展模式是不同于传统发展方式的新模式。"[1] 文件指出："当今世界存在的能源危机、环境危机等都不是现在发生的，而是由以往的发展模式造成的。要想解决人类面临的各种危机，只有实施可持续发展的战略。"[2] 在建筑界，走可持续发展之路已成为共识，室内设计领域亦不例外。越来越多的室内设计师开始将可持续发展的原则融入其设计之中。在办公空间的绿色化过程中，我们不仅要尊重自然，更要关注人体健康。具体来说，应优先引入天然采光和自然通风，力求在办公空间内实现高效的节能设计。通过运用各种技术手段，尽量减少办公空间对自然资源和能源的消耗，从而减轻对自然的伤害，切实体现可持续发展的核心理念。

一、绿色办公空间的营造

办公空间的绿色化主要体现在尽可能地在室内环境中引入自然元素。根据环境心理学的研究，室内自然景观能够满足人类对自然的向往，具有缓解工作压力和提供理想视觉景观的效果。因此，我们应尽可能地利用植物、山石和水体等元素，营造出充满自然气息的人工环境，为员工提供一个舒适的工作空间。

在关注人体健康方面，办公空间的室内设计也需要重视使用绿色材料。科学研究表明，许多传统的装修材料中含有对人体有害的元素。为了保障员工的健康和提高他们的劳动生产率，我们必须选择绿色材料，以保证办公空间的室内空气质量。

二、案例分析

（一）都市农场：PASONA 公司总部大楼

近年来，由于在城市居住的人们对田园生活的向往，出现了许多对都市农场的尝试项目（见图 5-15、图 5-16）。

---

[1] 陈易：《建筑室内设计》，同济大学出版社 2001 年版，第 201 页。
[2] 赵成波、赵丽莉：《室内设计原理》，电子科技大学出版社 2015 年版，第 198 页。

图 5-15　室内种植 1

图 5-16　室内种植 2

其中，位于日本东京的 PASONA 公司总部大楼已经超越了简单的景观装点，将室内农场做到了极致。他们的尝试为办公空间设计开启了新大门，利用人们内心对田园、农场、自然的热爱，唤起人们的回忆，将农场与现代都市结合，使办公室生态环保并具有生活气息。番茄缠绕着会议桌，花椰菜长在前台，柠檬树被作为隔断，沙拉菜叶长在会议室，豆芽长在长椅下——这是日本人力派遣公司保圣那的日常办公场景。2010 年，纽约的设计公司 Kono Designs 在东京为保圣那建造了这幢九层的都市农场，保圣那员工可以在工作中种植并收获自己的食物（见图 5-17）。

图 5-17　保圣那室内顶棚种植

设计师最初拿到的任务是翻修一幢建筑年龄 50 岁的楼房，包括办公区域、礼堂、自助餐厅、屋顶花园，还要配备都市农场设施。建完之后，在这幢 19 974m^2 的办公楼内，有 3 995m^2 被超过两百种植物、水果、蔬菜或水稻所装点。植物收成之后都会被送到员工自助餐厅供日常食用。这使得保圣那都市农场成为东京地区最大的"农场直达餐桌"办公项目。

这座大楼的绿化设计堪称艺术与实用的完美结合，其双层的立面绿化系统，不仅美观大方，而且实用性强。在小小的阳台上，鲜花与橘子树错落有致，相映成趣。这些绿色植物，一部分依靠外部自然气候生长，还有一部分则通过内置的气候控制系统进行管理，共同创造了一个充满生机与活力的动态立面。虽然这样的设计会减少一定的商业写字楼使用面积，但保圣那认为，都市农场和绿色空间为公众和员工带来的益处，足以弥补这一损失。

由于原始的建筑结构设计，室内净高存在一定的不足。为了最大限度地保留天花板的高度，设计团队在施工过程中，将所有管线立杆尽可能地埋设在周边区域。在大梁底部的边缘，巧妙地隐藏着照明设备，这样就无需为了满足照明需求而进一步降低天花板的高度。办公楼的 3 楼到 9 楼，都采用了这种设计方法，相较于传统的吊顶照明，节能效果达到了约 30%。此外，设计师还采用了专门的气候控制系统，以精确控制室内的湿度、温度和空气流动，确保员工的健康与安全，同时保障农场的可持续发展。这一系列的设计与配置，既体现了保圣那公司对环保、绿色办公的坚定理念,也展示了他们对员工福祉的关心与负责(见图 5-18、图 5-19)。

图 5-18 室内生态融入

图 5-19 立面植物景墙

此外,保圣那鼓励员工积极参与维护和收获这些农作物,甚至还有农业专家团队提供技术支持。这些耕种上增强了员工的互动,也让他们在工作中能更好地相互配合。因为收获的农作物是大家的食物,这也培养了员工的责任感和成就感(见图 5-20、图 5-21)。

图 5-20　植物景墙

图 5-21　植物吊灯

(二)欧特克工程建设分公司总部大楼

欧特克作为全球最大的二维、三维数字设计软件公司,为全球无数工程建设项目提供了领先的设计理念和工程软件,协助一幢幢高楼大厦拔地而起。如今设计其在沃尔瑟姆的工程建设分公司大楼时,KingStubbins 国际建筑设计集团不仅运用了绿色建筑理念，还应用了自己的建筑信息模型理念来完成该项目（见图 5-22、图 5-23）。

图 5-22　休息处

图 5-23　走廊

　　欧特克拥有许多可持续设计的特点。Autodesk Revit Architecture 软件及其互操作功能提供了功能强大的能源分析工具。在这些工具的帮助下，项目团队才有能力迈向 LEED 白金可持续发展设计的目标。在操作过程中，Autodesk Revit Architecture 软件与这些工具直接相连，这就让设计团队能够通过模拟，更加高效地得出结论，为得到更好的设计决策提供服务。

　　例如，想要取得 LEED 认证，最重要的一个方面就是采光问题。于是，设计师在虚拟环境中设计出几种不同的办公室、会议室和其他工作场所布局，并将

Autodesk Revit 模型与 Autodesk Ecotect 分析软件及综合环境解决方案（IES）软件相连，分析设施内部的采光情况。最后确定的设计方案保证了至少 90% 的工作区域都能只依靠自然光就满足基本照明需要。再比如实施提高水资源和能源利用效率的措施，以减少家庭用水和能源消耗，回收利用无毒建筑材料，建筑业拆建废料回收，以及室内设计为所有工作区设计直接提供自然光源的视野。

整个办公空间的完成都与建筑信息模型技术密不可分，对于建筑设计师而言，这不仅仅要求将设计工具实现从二维到三维的转变，更需要在设计阶段就突破单纯建筑设计的桎梏，融合协同设计、绿色设计和可持续设计理念，使得整个工程项目在设计、施工和使用等各个阶段都能够有效地实现节省能源、节约成本、降低污染、提高效率。目前，这一理念已经成为可持续设计的标杆和里程碑。

（三）森林中的办公室——Aquaplannet 办公总部

Aquaplannet 在松阪的总部，坐落于日本三重县内。建筑师不追求塑造雕塑感的建筑，而是力求打造一个与环境有效互动的空间。建筑师在一个开放的大空间，设置一些盒子穿插其中，设置不同类型的开窗，意图将花园的景色引入建筑，在这里能清晰可见四季的变换。这个灵活的办公场所在舒适之外还提供了与自然互动的高品质空间（见图 5-24、图 5-25）。

图 5-24　外观立面图

图 5-25　办公区

该公司包括员工的具体活动范围在内,整体都被规划在一片种满植被的场地之上。通过精心设计的室内空间以及作为同等空间元素的花园,人们可以从窗户欣赏到美丽的风景,同时也建立了室内与室外的紧密联系。体量内的大型反射天花板巧妙地将室内元素与外部环境的各种色彩和光源融为一体。这个反射天花板不仅能美化室内环境,还能根据季节、气候和时间的改变,呈现出不同的视觉效果。这样的设计使得整个建筑体充满了生机和活力,仿佛与大自然紧密相连,共同呼吸(见图 5-26、图 5-27)。

图 5-26　入口

图 5-27　会议室

这一设计模式开创了办公室设计的新方法，它鼓励人们在选择工作场所时，除了关注其功能与类型外，更应深思熟虑地考量空间体验的品质，以及自然光通过反射对人体产生的影响。

第四节　智能类办公空间

随着信息技术的不断创新和区域无线网络的广泛普及，智能化建筑及办公自动化已成为现代办公领域的发展趋势。智能化办公的核心要素包括：高度舒适的工作环境、高效率的管理系统、先进的计算机网络和远距离通信网络，以及开放式的楼宇自动化系统。这些要素共同推动了办公环境的智能化进程。同时，办公家具的更新、新材料与办公设施的融合，以及空间设计的多元化，均为办公智能化的重要体现。

一、智能化写字楼室内设计的特点

第一，写字楼办公环境的内部设计要注意先进设备通信系统的设计，要充分考虑提供一个好的安全快捷的通信服务系统。

第二，写字楼装修设计要把办公自动化系统充分地融入设计方案中，设计师应对电路进行一个合理的规划设计，建立一个电脑终端、多功能电话、电子对讲系统，提高工作交流效率。

第三，智能化写字楼设计要合理地对电气、空调等做好规划，为员工提供一个安全的工作环境,装修设计写字楼时要充分考虑好防灾、防盗等各个方面的安全要求。

第四,高科技的应用,如视频监控、消防管理、智能报警系统等,无疑为办公环境的安全提供了坚实保障。

二、案例分析

(一)美国海沃氏家具公司

美国海沃氏家具公司与上海瑞安集团,就曾力图通过划分公共区域、半公共区域和私密区域,来适应办公智能化的新趋势。

在海沃氏家具公司新天地企业大厦内的亚太区办公总部,其办公区域的设计巧妙地分为公共区域、半公共区域和私密区域三个部分。公共区域是对所有在此办公的人士开放的一个自由空间,这里配备了工作式休闲椅及方便的因特网接口,办公人员可以随时随地通过网络与客户保持联系,公共区域内的办公环境也设计得极为休闲舒适,工作人员在此不仅可以俯瞰新天地的人工湖美景,还可以免费品尝美味的欧式咖啡,享受片刻的轻松与惬意。半公共区域则主要为企业大厦的租户,以及为海沃氏家具公司的客户服务,其宽敞的场地可容纳80人左右,适合举办各类展览、会议、小型培训等活动,并且还能提供餐饮服务,满足各类需求。私密区域则通过灵活的隔断与半公共区域分隔开来,仅为海沃氏家具公司的工作人员提供专属服务。海沃氏公司致力于通过公共区域和半公共区域为流动的白领人士打造一个舒适宜人的办公环境,以促进人们之间的交流,激发员工的创新灵感(见图 5-28、图 5-29)。

图 5-28 休闲吧

图 5-29 会议室

（二）KOKUYO 智能环保办公空间

日本最先进的办公空间体验展厅坐落于东京品川车站附近，置身于高楼林立的现代化都市之中。其外观独具匠心，宛如一座时尚现代的庭院，巧妙地融入城市景观之中。步入展厅，可以沉浸于自然、环保与智能完美融合的超凡办公体验之中，感受前所未有的办公空间的魅力。KOKUYO 东京品川办公楼精心融合了多项智能化办公设备，实现了办公环境的优化与节能。该办公楼引入了先进的中央采光系统，借助自动感应技术，能确保照明与空调系统的运行，既高效又环保。同时，独特的中央采光换气系统，让每一位员工都能深切感受到季节的更迭，将人与自然的关系以智能化的方式紧密相连。此外，办公楼还配备了具备蓄电功能的办公桌，使员工能够随时随地享受自由办公的便捷与高效。

KOKUYO 体验办公室采用节能设备，这些设备不仅包括能够自动感应员工存在的空调系统和照明系统，还能根据员工在场与否智能调节风量和亮度。相较于传统设备，这些节能设备显著提升了能效：空调实现了约 21% 的节能效果（相当于减排 CO_2 约 14 吨），而 LED 照明系统更是达到了约 60% 的节能效果（相当于减排 CO_2 约 25 吨）。

此外，办公室充分利用自然天光，通过智能天窗巧妙地将光照和新鲜空气引入室内，进一步降低了能源消耗。而 LED 智能照明系统则通过先进的感应器精准调节室内亮度和色温，不仅提供了舒适的工作环境，还实现了智能化的能源管理（见图 5-30）。

图 5-30　内部办公区

引入先进的可视化软件，可以让员工和研究人员能够实时追踪办公室整体的电力消耗及个人的能源使用情况。该系统不仅具备展示节能达标进度的功能，还能为员工提供节能工作方式的指导，进一步激发大家的节能热情。其中，充电式办公桌无疑是这套系统的一大亮点。这种办公桌内置了电源系统，可在夜间充电，白天则通过蓄电池供电，避免了高峰用电时段。更值得一提的是，它支持无线办公，为员工带来了极大的便利。

KOKUYO 东京品川办公楼倡导与自然和谐共存的办公理念。在其实验办公室内，自动感应照明系统能根据日光强度自动调节室内亮度，外窗则能自动开合，确保室内光线充足且舒适。会议桌则选用了森林废材制作而成，体现了环保与实用的完美结合。此外，落地窗的设计也能让员工能够尽情欣赏花园的美景，为工作增添了一份愉悦。

户外办公区域则更是让员工能够近距离地接触自然，促进彼此之间的交流与沟通。无论是从环保的角度，还是从提高工作效率的角度来看，KOKUYO 的环保办公室都展现出了其独特的魅力。

第五节　LOFT 类办公空间

LOFT 这一独特的居住与工作空间形式，其起源可追溯至 20 世纪 50 年代，当时艺术家们以低廉的租金租用以前的工业建筑，并将其打造为兼具生活与工作功能的场所，是现代 LOFT 的雏形。

一、LOFT 的概念与历史沿革

LOFT 在牛津字典中的解释为："在屋顶之下，存放我们东西的阁楼"。但现在所谓 LOFT 指的是"由旧工厂或旧仓库改造而成的，少有内墙隔断的高挑开敞空间"，这个含义诞生于纽约苏荷 SOHO 区。在如今的办公环境中，LOFT 所承载的内涵，更多地指向了那种高大且开放的空间设计，它具有流动性、开放性、透明性和艺术性等多重特质。自 20 世纪 90 年代起，LOFT 便以其独特的魅力席卷全球，成为一种艺术时尚的代表。与此同时，中国也开始出现了将工业建筑改造为文化创意空间的热潮。其中，北京的藏酷新媒体空间和昆明的创库，作为最早的两个以 LOFT 命名的艺术空间，分别改造了北京机电研究院的仓库和昆明机模厂的厂房，开启了这一潮流的先河。随后，影响力逐渐扩大的还有北京的 798 艺术区、上海的苏州河畔等地，它们均以其独特的 LOFT 风格吸引了众多艺术家和时尚人士的瞩目。如今，国内已经涌现出一大批 LOFT 形式的艺术家工作室，它们成为艺术家们挥洒创意、追求时尚与前卫的重要场所。可以说，LOFT 这一概念自诞生之初，便与艺术家、时尚、前卫等词汇紧密相连。它是由艺术家们所创造和推动的，与艺术之间有着密不可分的关系。

LOFT 的产生，主要源于两方面原因：一方面，环保意识的日益提升促使我们重新审视旧厂房的价值。随着社会的快速发展，众多旧厂房因种种原因被遗弃，而拆除它们无疑会耗费巨大的人力物力。此时，"废物利用"成为我们遵循的重要环保原则之一。另一方面，这些厂房往往承载着丰富的历史记忆，甚至见证过某个区域的辉煌时刻，因此它们也是历史文化的宝贵遗产。只要在与现代环境协调方面进行认真设计，对其精华部分给予保留，有助于展示地区的文化底蕴。

二、案例分析

（一）北京大山子艺术区（798 艺术区）

北京大山子艺术区，坐落于北京东北角，四环外机场路的东南侧，这一始建于 20 世纪 50 年代的艺术区，由东德建筑师设计建造，融入了包豪斯设计理念。如今，它已从昔日破败的厂房区蜕变为享誉业界的艺术中心，众多艺术机构、工作室和文化中心在此汇聚。随着艺术家和文化机构的入驻，他们租用并精心改造了厂房，打造出了别具一格的画廊、艺术中心等空间，形成了独具特色的"SOHO 式艺术聚落"和"LOFT 生活方式"，吸引了广泛关注。如今，798 艺术区已不仅仅是一个地名，它已演化为一个具有深远影响的文化概念，对各类专业人士和普通大众均产生了强烈的吸引力，也进一步影响了城市文化和生存空间观念。

798 厂作为主厂区，其建筑风格简练而朴实，功能性巨大的现浇架构和明亮的天窗，在其他建筑中实属罕见。这些建筑源于 20 世纪 50 年代初苏联的援建项目，由东德负责设计建造，是当时重要的工业项目，历经数十载风雨沧桑，见证了时代的变迁。随着改革开放的深入、北京都市文化定位的明确、人民生活方式的转变，以及全球化浪潮的席卷，798 厂等老牌企业也面临着再定义、再发展的重要任务。伴随北京都市化进程的加速和城市面积的扩张，原本位于城郊的大山子地区已融入城区，原有的工业外迁也为城市提供了新的发展机遇。在这一背景下，无污染、低能耗、高科技含量的新型产业区在 798 厂原址上兴起，成为城市发展的新亮点。大批艺术家和文化人的入驻，是这一历史趋势的生动反映（见图 5-31、图 5-32）。

图 5-31　厂房外观

图 5-32　厂房内部

（二）昆明创库

昆明创库，又名上河车间，原为昆明机模厂的生产车间。在废弃之后，被20余位云南艺术家发掘并入驻，设立了各自的工作室。此处不仅成为艺术家们创作与交流的场所，还融合了休闲、餐饮、展览等多种功能，内部设有酒吧、面食店等艺术活动空间，乐队演出、画展等活动络绎不绝。自此，创库便成为展示昆明艺术家先锋性特质的重要地标。

作为中国首家LOFT模式的实践地，云南艺术家们在"创库"模式上的创新努力，为后续北京798艺术区、上海田子坊，以及深圳、南京、重庆、成都等地类似的艺术工作基地的兴起奠定了基础。昆明创库更荣登世界著名人文刊物《国家地理》杂志，被列入国际通用旅行手册，成为全球瞩目的前沿中国艺术文化社区（见图5-33、图5-34）。

图 5-33　昆明创库 1

图 5-34　昆明创库 2

（三）上海田子坊

上海田子坊原名田子方，是画家黄永玉借用《庄子》中一位画家的名字而命名的，黄永玉取其谐音称为田子坊。田子坊在政府整体规划、功能定位、业态调整、环境的改善和建设方面做了大量工作，吸引了世界各国艺术家们在田子坊内交流，沟通。

1998年冬，著名画家陈逸飞、尔冬强、王劼音、王家俊等艺术家纷纷入驻田子坊，一些工艺品商店也相继进驻。田子坊内的一座五层厂房经过精心改造，已蜕变为充满现代气息的都市工业楼宇。在这片占地约5 000m^{2}的区域内，汇聚了来自不同国家与地区的艺术人才，他们纷纷在此设立自己的，各国文化在这里交融、碰撞，闪烁着光和热（见图5-35、图5-36）。

图5-35　室内景观

图5-36　办公室

第六节　复合类办公空间

在现今的办公空间设计中，我们不仅需要关注人们生理与心理上的舒适感，更应坚守"以人为本"的核心设计理念。在满足日常办公功能的基础上，我们还应融入餐饮、娱乐、健身等多重功能，以迎合现代社会人们日益多样化的办公需求。

一、办公空间的功能复合化

复合化办公空间应涵盖员工办公、公共接待、交通联系及服务辅助等多个区域。主要的员工办公空间依据其功能和工作性质应合理划分为不同大小，以确保工作的高效与舒适。公共接待空间则兼具聚会、展示、接待和会议等多重功能，满足企业的多样化需求。交通联系空间如门厅、大堂和走廊等，不仅连接着各个区域，也承载着企业形象的展示的功能。服务辅助空间为企业的日常运营提供了坚实的支持，包括信息、资料的收集、整理与存放，以及员工生活、卫生服务和后勤管理等功能。这些空间包括资料室、档案室、餐厅和卫生间等，为员工的日常工作和生活提供了便利。随着现代办公理念的不断发展，办公空间的功能逐渐细化，趋向复合与交叉。通过融合工作和生活，提供开放空间，促进员工之间的交流与协作。同时，辅助功能空间如茶水吧、图书室和健身房等，不仅为员工提供了休息和娱乐的场所，也有效缓解了工作压力，改善了办公环境。

二、案例分析

办公室位于洛杉矶，业主为一家有着30多人的创意媒体公司。这间概念办公室方案由来自加州的 Edward Ogosta Architecture 设计，方案名为 Hybrid Office——混合办公室，或者称为"合成办公室"。所有功能分区皆集合在大空间之内，不同的分区有着各自的形态。之所以叫作 Hybrid Office "合成办公室"是源于不同形态的空间有着其最初的"来源"。办公室内的图书室看上去有些像希腊的露天剧院，这其实是书架与露天剧院形态的混合结果。一些像小房子的办公桌来自房屋和桌子的结合；大树和座椅的结合产生了像大树屋一样的座椅……这些结合让办公室内的每个空间都能追溯到其本源。这些设计非常有趣，还让不同属性的空间有了适合的尺度与私密性，使办公生活轻松而欢乐（见图5-37至图5-40）。

第五章 办公空间设计新趋势　117

图 5-37　阅读室

图 5-38　走廊

图 5-39　会议室

图 5-40　办公区

第六章　办公空间创意创新设计

办公空间设计虽是功能主义的室内设计，但可通过运用元素概念等方法解析空间形态。本章主要介绍了创意创新设计的思维创新、办公空间创意创新设计的主要方法、办公空间创意创新设计应用。

第一节　创意创新设计的思维创新

在办公空间设计的领域，常见的两种设计倾向值得我们深入探讨。一种是纯粹功能主义的设计倾向，这种设计的所有结构和元素均以功能性为核心。但这种设计倾向往往伴随着一系列内在的矛盾，如工作区域增加导致休息空间减少，办公空间扩大占用了通道和公共空间的面积，而且结构的强化往往伴随着造价的提升。即便通过精细的计算分析、长时间的研究和讨论，最终形成的方案也可能呈现为一个缺乏生气、单调乏味的办公环境。另一种设计倾向则着重于艺术效果的呈现，设计师将个人的审美偏好和艺术风格融入设计之中，以形成独具特色的视觉效果。

两种设计倾向曾引发了一个关于设计优先级的争议：是以功能性为导向，还是以艺术表达为主。实际上，办公空间设计与任何其他类型的设计一样，都是一个复杂的系统。它既需要满足多样的功能性要求，包括工作、休息、交流等，又需要融入设计师的感性思维，对设计方案进行精细的策划和深入的调研，包括分析客户的需求、方案的意图、地域特征、文化内涵等多方面的因素。

在办公空间设计中，科学运用各种材料和工艺技术至关重要，同时设计也需要在社会、法律和经济等多重因素的制约下进行。但最终的目标，都是创造出既符合用户形象，又能在未来长时间内保持时尚的空间形象和氛围。这种设计理念旨在平衡功能与美学，追求的是一种和谐、可持续和人性化的办公空间，即主张思维创新的创意设计。

一、设计思维创新

在深入探索设计艺术的领域时，有一个核心原则，即思维决定行为。设计的多样性与丰富性，实质上源于设计师独特的思维模式和表达方式。对于室内设计师来说，他们面临的挑战是如何通过设计思维的转换、整合与创新，提炼出最佳的构成因子，进而发展出富有深度的设计理念。设计是一个创造的过程，也是发现问题、分析问题到解决问题的过程。这一过程的主体是设计师，而决定这一过程结果的关键因素是设计师的创新思维能力。如何激发人们的创新潜力至关重要。对于设计师而言，正确的创新思维方法是激发想象力创造新作品的保证。

二、思维创意的形式

思维,这一人类活动的驱动力,不仅是我们认识世界、改造世界的工具,也是创造物质文明和精神文明的源泉。由于不同个体的经验、知识和价值观的差异,思维在形式上呈现出多样性。思维形式大致可划分为抽象思维(理性思维或科学思维)、形象/感性思维及灵感/顿悟思维(创造性思维)等三种形式。

三、创新设计思维的特性

(一)设计思维的原创性

马特·马图斯曾说:"世界上最著名的、最富创造力的设计界领袖们有着某些共同特征:他们总是追求原创性设计;他们总是永远尊敬那些有真才实学的人;他们总是不懈地追求完美,而自觉前行。"[1]

谈及设计思维的原创性,它是设计师在创新过程中不可或缺的核心要素。设计师通过运用独特的符号和空间布局,将自己的设计理念和思想融入作品中,这些作品在首次呈现时,便赋予了创造者独特的印记。原创性不仅要求设计师勇于对传统和常规提出质疑,更要求他们从全新的视角去审视和解析问题。

在办公空间室内设计的语境下,原创性思维显得尤为重要。这类设计不能简单地依赖传统的解决方案,而是需要设计师重新思考问题的本质,并产生全新的、独特的见解。原创性在设计中的体现,往往体现在新的使用方法、新的材料运用、新的结构体系及新的价值观念等方面。因此,需要设计师在空间功能设计时,不仅要考虑到实用性,更要追求创新性和前瞻性,以创造出既符合用户需求又具备独特魅力的设计作品。在办公空间设计的探索中,我们需要将焦点更为集中地放在"应用"的层面。这不仅仅涉及新材料的发掘、新结构的实验,也包含新观念的表达。在这些环节中,设计师应积极寻求空间设计的灵感和依据,旨在避免抄袭和简单拼贴的现象,从而以更加独特和深入的思考方式激发设计师在办公空间设计中的创造性思维。

(二)设计思维的多向性

在室内设计中,创造性思维呈现出一种多维联动的特性。这种思维引导我们由已知走向未知,不断拓展思维的边界。它体现在纵向、横向和逆向三个维度上。

---

[1] 侯淑君:《室内设计思维与方法研究》,吉林摄影出版社2019年版,第42页。

纵向思维促使我们针对某一现象或问题进行深入剖析，揭示其本质，从而得到新的启示。横向思维则使我们从一个现象联想到与之相似或相关的事物，进而发掘出全新的应用场景。而逆向思维则是对现象、问题或解法进行反向推敲，从顺推到逆推，为我们提供全新的思考路径。

（三）设计思维的想象性

室内设计要求设计师发挥丰富的想象力，将以往的知识和经验在头脑中重新组合，形成全新的视觉形象。这种想象力使我们能够跳出现有的框架，以全新的视角看待问题，从而激发创新的灵感。

在办公空间设计中，我们需要不断向多个方向探索，找到新的思路和方法。这既可以是从一个点向多个方向发散的扩散思维，也可以是从不同角度对同一问题进行深入思考的多元思维。

在办公空间设计中，创新不仅仅是一种理念，更是一种实践。我们需要善于运用各种有助于创新的思维方法，如观察、分析、归纳、联想、创造和评估等，将这些方法贯穿于解决问题的全过程中。通过观察和分析现有的办公空间，发现其中的问题和不足；通过归纳和联想，找到新的设计灵感；通过创造和评估，不断优化设计方案，使其更加符合实际需求。

（四）设计思维的突变性

在室内设计中，直觉思维和灵感思维往往表现为一种非线性的跳跃。这种跳跃打破了传统的思维逻辑框架，使我们能够突然闪现出全新的设想和观念。这种思维的突变性使我们在面对问题时能够迅速找到新的解决方案，从而实现设计的创新。在办公空间设计中，我们也需要培养这种非线性的跳跃思维，以便在面对复杂多变的设计需求时能够迅速作出反应并找到最佳的设计方案。

第二节　办公空间创意创新设计的主要方法

一、办公空间主题性办公概念设计

在深度思考与创新融合的过程中，设计师首先经历的是素材的积累与灵感的酝酿。经过细致的筛选与提炼，一系列独特的设计思路在设计师的脑海中逐渐浮现，并初步凝聚成设计的核心主题。在这个阶段，设计师必须审慎评估每个构想，辨识出具有潜在价值和发展前景的创意理念，进而确定设计的方向。进入信息处理阶段，设计师的思维会展现出高度的抽象性、逻辑性与聚焦性。然后通过深入的市场调研和精细的策划分析，设计师可以准确把握客户的需求、项目的定位及所处地域的文化内涵和特征。在这个过程中，设计师通过利用自身的创造性思维，将一系列独特的设计想法与构思融入其中，最终提炼出最为精准和适宜的设计主题，并以此为基石，引领整个设计过程的展开。

在设计办公空间时，功能性需求始终是首要考虑的因素。然而，空间所承载的精神气质和主题内涵，同样是展现设计品质的关键所在。因此，可以通过主题的巧妙运用，赋予办公空间独特的场域效应，同时利用设计元素和符号的象征意义，传递出空间所要表达的思想与情感。

主题的选择不仅仅是一种视觉的呈现，更是一次文化情感的交流。不同的主题反映了不同人群的审美情趣和价值取向。面对同一空间，由于文化背景、知识层次和生活环境的差异，人们也会产生不同的体验和感受。因此，办公空间的主题定位应呈现出多元化和个性化的特点，既有自然淳朴之美，又有都市时尚之韵，还有文化历史之厚重，或是轻松自由之惬意等主题特点。这些丰富多彩的主题可以让人们在这些空间场域中感受到不同的情绪，从而实现人与办公环境的和谐统一。

在满足使用功能的基础上，情感交流也为办公空间增添了新的价值。通过文化内涵的融入和主题创意的呈现，办公空间的设计价值得以充分展现。在此过程中，主题的完整性和鲜明性至关重要。它们依赖于办公空间的布局、形态构架、色彩搭配、材料选择及陈设装饰等各个要素的精心选择与搭配。只有当这些要素之间形成主从呼应、有张有弛的协调关系时，才能共同塑造出独具特色的空间主题氛围。当某一元素在塑造空间主题中占据主导地位时，它将成为引领整个空间氛围的关键力量。在探讨主题办公空间的设计时，我们必须审慎地融入多种因素，以确保空间的协调性与鲜明性得以完美展现。

设计概念的形成，是设计师通过深入研究公司的历史，吸收地域文化和科技知识，用设计语言将其转化为对空间本质的理解与分析，进而通过元素概念来诠释空间形态。随着设计视角的转换和视野的拓展，设计师的创意灵感将被进一步激发，赋予空间更多元且深层的内涵。

二、灵感的设计

灵感思维，作为一种特殊的思维形式，它的产生往往是不经意间的。它基于抽象思维和形象思维，但灵感闪现是短暂而突发的，它代表了创造性思维的一次重要质变。值得注意的是，灵感思维往往是在长时间的形象思维和抽象思维纠结无果后，在思维暂时松弛时出现的。因此，掌握灵感思维的特征，对于设计师来说至关重要，它能够捕捉到那转瞬即逝的灵感火花。

我们必须明确的是，坐等灵感的到来并非明智之举。灵感思维的产生，是建立在设计师丰富的设计信息、设计技巧和方法的基础之上的。只有当设计师拥有深厚的设计实践经验、扎实的设计理论及广泛的知识面，他们才能拥有更多的创作源泉和更为丰富的想象力。在创新的世界里，灵感的涌现往往被视作一种奇迹，但实则它深植于我们内心的追求与不懈的努力之中。灵感的闪光，不仅仅是思维的瞬间闪烁，更是对目标持续追逐和深刻思考的结晶。尽管机遇的降临看似对每个人都一视同仁，但只有那些精心准备、全神贯注的个体，才能在灵感之光闪烁的瞬间，迅速捕捉并紧握其精髓。深入思考灵感的本质，我们不难发现，它实则是机遇的一种特殊形态。而要把握这种稍纵即逝的机遇，高度的判断力与敏锐的观察力是不可或缺的。

发现创作灵感的涌现并非无的放矢，因为它总是围绕着一个清晰而坚定的目标展开。当我们的思维主体怀揣着对目标的执着追求，通过日复一日深思熟虑地洞察，灵感便会在某个不经意的瞬间，如流星划过夜空般，在我们的脑海中留下耀眼的痕迹。这种孜孜不倦的"朝思暮想"，不仅塑造了我们对目标的深刻认识，更为灵感的涌现提供了肥沃的土壤。

（一）自然元素

在设计的广阔领域中，自然元素如植物、动物、海洋、山川等，一直是设计师寻求灵感的重要源泉。自然之美并非人为设计，而是来自宇宙间最原始的创造力。当我们深入大自然，体验风雨、阴晴、日出日落、四季更迭，以及观察花鸟虫鱼、山川河流时，能够汲取丰富的设计素材。这些素材可以为设计师提供无尽的启示。

设计，作为人类文明的产物，既源于自然又超越自然，始终以满足人类需求为服务宗旨。自从人类有意识地开始进行创作与设计以来，我们就不断地从大自然中学习，从中获取灵感。这种模仿并非简单的复制，而是基于深入理解万物生长机理和自然生态规律的基础上，创造出一种既符合设计对象特点又适应新环境的设计方法。在灵感与作品的转化过程中，创造性思维起到了关键作用。具体到设计方法上，可以归纳为模拟与仿生两种。

1. 模拟的设计

模拟设计是通过模拟自然界中的物体或其自然形态，来传达、暗示或折射某种思想情感。这种情感的形成离不开人们的联想，通过借助具象化的元素实现对自然的再现。

空间，作为建筑艺术的重要组成部分，承载着精神与文化的寄托。在不损害正常使用功能的前提下，运用模拟设计手法，可以创造出既符合某种形体特征又符合生物学原理的空间。这种设计方式不仅为空间造型增添了鲜明的个性特征，还能让人在观赏和使用这一空间的过程中产生对某事物的联想，从而体验到独特的情感与趣味。模拟设计以其直观和具象的表现形式，在设计中扮演着不可或缺的角色。

2. 仿生形态再现

仿生形态的运用是一种重要的设计策略，它可以根据仿生的程度和特征分为具象仿生和抽象仿生两种形式。具象仿生能精确地再现自然对象的形体和组织结构。而抽象仿生正相反，它通过简化的结构形态特征来将事物的内在本质和内涵折射出来，激发人们的联想，以心理形态的方式将虚幻而不清晰的事物具象化。

（二）环境气氛的联想

环境气氛的营造对于室内环境设计至关重要，它是环境精神功能的最高层次。这种环境气氛的创造不仅要求具有特定的氛围，还要能够承载深刻的文化寓意和个体记忆。氛围的塑造往往与环境的个性紧密相关，它可以表现为轻松活泼、庄严肃穆、安静亲切等多种形态，而这些氛围的确定主要依赖于环境的用途、性质及使用者的特性，如职业、年龄、性别、文化程度和审美情趣等。

值得注意的是，虽然从概念上我们可以较为容易地确定环境应当呈现的氛围，如办公空间需要塑造亲切平和的氛围、大型宴会厅则需要呈现热烈欢快的气氛等，但在实际操作中，由于环境类型的复杂性和多变性，即使是相同类型的空间，也会因为规模、使用对象的不同而呈现出截然不同的氛围。因此，设计师需要具备敏锐的洞察力和灵活的处理方式，以便在特定情境下创造出符合实际需求的环境氛围。

联想作为人类天生的能力，在环境设计中发挥着不可替代的作用。它不仅能够加强受众对环境氛围的感知和理解，还能够促进设计师与受众之间的情感交流。因此，在设计过程中，我们应当通过隐喻、象征等手法引发受众的联想，创造出更具感染力和吸引力的室内环境。土耳其 Autoban 设计工作室的 DO&CO 办公室室内设计项目，即为环境联想在设计实践中出色应用的典范。在此作品中，设计师独具匠心地将培训空间的外围塑造成飞机机身的形态。引人注目的浅黄色钢铁骨架，酷似飞机机头，引人遐思。沿左侧通道行进，便步入了一个别致的"机舱"内部。内部设计精巧细致，如同真正的头等舱一般，另一侧则巧妙模仿了机舱内部的窗户设计，整个空间充满了乘机的真实感。这种高度的仿真设计使员工能够在其中获得深刻而真实的体验，每一处细节都体现了设计师对知识、经验和信息的长期积累与独特联想。通过这样的设计，员工们能够在培训中更深刻地理解并融入工作环境，从而增强对职业角色的认同感。Autoban 设计工作室的这一案例，不仅展示了联想潜力在创意设计中的重要性，也彰显了持续学习与提高在激发这一潜力中的不可或缺的作用。

三、风格和趋向的设计

著名建筑设计大师贝聿铭先生说："每一个建筑都得个别设计，不仅和气候、地点有关，而同时当地的历史、人民及文化背景也都需要考虑。这也是为什么世界各地建筑仍各有独特风格。"[1]

在当今日新月异的建筑景观中，办公建筑的设计趋向已展现出一种多元交融的新态势。展望未来，伴随着全球化的浪潮，办公空间设计将更显国际化，各种设计流派百花齐放，竞相绽放。在这个过程中，新理念的涌现成为推动行业进步的动力之一，比如对于异形空间的深刻理解和应用，将使得传统的方正空间被赋予更多创新与独特的内涵。以著名建筑师扎哈·哈迪德为例，她的最新作品"石塔"坐落于埃及开罗开发区，占地广阔达 525 000m^2。这座建筑不仅提供了多样化的办公和零售空间，还融合了五星级商务酒店及服务公寓，更设有名为"德尔塔"的下沉式景观花园广场。她的这一设计无疑是对常规空间形态的颠覆，展现了对于空间创新追求的前瞻性思考。

我们的社会如同一个广阔的舞台，各类设计风格得以并存，各流派之间既有竞争又有融合。这种多元化的环境促进了设计行业的持续发展，也推动了设计师设计水平的不断提升。设计风格的不断更迭，既是设计发展的必然规律，也是人类设计艺术不断繁荣与进步的体现。这种周期性的风格转变，带来了丰富的款式与形式的同时，也使得设计领域不断创新与超越。交替与复兴，虽然看似矛盾，却也是设计发展中不可或缺的两个方面。交替是基于历史的演变，而复兴则是对

---

[1] 施鸣：《室内设计基础》，重庆大学出版社 2011 年版，第 82 页。

传统的升华与再现。在艺术设计中，这种现象尤为突出，风格的形成其实就是艺术形式在不断地交替与复兴中得以完善的结果。

（一）时代感

关于设计的时代感，它反映了当代社会生活的时代精神、风尚与审美需求。不同时代的设计师可能拥有各自独特的个人风格，但他们的作品都不可避免地被打上了时代的烙印。

1. 时代感的特征

时代感，作为现代设计的核心理念之一，其特性体现在两个核心层面。首先，时代感具备鲜明的时间烙印，它随着时代的变迁和新潮流的涌现而不断演变，赋予设计作品独特的时代印记。其次，时代感并非本质上的变革，而是一种感官上的刺激，是人们对时代变迁的直观感受。这种现象在西方心理学中被称为"感觉刺激论"，它强调了时代感在感知层面上的重要性。

在室内设计中，时代感的体现需要我们在紧跟时尚潮流的同时，深入探索其内在的本质。无论我们运用何种装饰材料或手法，如果脱离了时代性，那么这些设计元素将失去其应有的价值。同时，经典和传统是时代性的基石，我们在设计过程中需要不断回顾和借鉴，使设计作品既具有现代感，又不失历史底蕴。一个优秀的设计方案，应当站在历史与现实的交汇点上，以科技为引领，激发创新灵感。

（二）新材料与新工艺

随着时代的不断发展，新材料与新工艺在办公空间设计中扮演着越来越重要的角色。一些天然材料和新工艺不仅推动了办公生态学在环境研究上的发展，还为设计师提供了丰富的创意灵感。

首先，在办公空间的特殊区域，我们追求强烈的视觉冲击力，需要光线强烈。就可以通过运用铝合金、不锈钢、大理石、花岗岩和玻璃幕墙等反光性能强的材料，结合光的反射、折射和动感设计，营造出光彩夺目的视觉效果。

其次，新材料在表现现代艺术直率个性方面有着独特的优势。有些办公环境设计成工业科技的主题，在这个办公空间中，我们将裸露的建筑钢结构、设备管道、自动扶梯和结构构件进行巧妙组合，展现出结构美、工艺美和材料美的完美融合，营造出充满科技感的办公空间。

此外，我们还注重平面设计的自由度。通过灵活多变的平面布局，打破传统办公空间的刻板印象，创造出更为开放、灵活的办公环境。这种设计方式不仅有利于员工的交流和协作,还能提高工作效率和创新能力。比如,办公空间的垒砌设计宛如"大小龟背叠嶂",上下层建筑的柱与墙在垂直维度上精确对齐,形成了一种和谐的连续性。通过轻质的隔断墙设计,空间能够自由灵活地划分,以适应多样化的办公需求。在设计中,可以采用简约的构图手法,运用纯粹的几何形状进行有序的排列组合,追求次序与比例的和谐统一,以此来展现办公空间的多样性及独特性。

综上所述,新材料与新工艺在当代办公空间设计中具有举足轻重的地位。它们不仅丰富了设计的表现手法,还为设计师提供了更广阔的创意空间。在未来的设计中,我们将继续探索新材料与新工艺的应用价值,推动办公空间设计的不断创新和发展。

(三)人性化

在当前的社会语境下,以人为本的设计理念已成为一种普遍共识。空间作为人类活动的载体,与人的互动和交融是其价值的源泉。设计师应深入研究人与环境、物质与文化之间的微妙关系,以创造出既具有人性化关怀又富有实际效用的空间环境,真正体现设计为人的核心理念。

在办公空间的设计中,我们必须始终围绕"人的需求"这一核心要素进行考量。从规划之初到实施的每个细节,我们都应确保每一项决策都能得到合理的解释和论证。

随着社会的进步,人们的需求已不仅仅局限于物质功能的满足,而更多地追求情感上的满足和精神上的寄托。因此,对传统文化的传承、对地方特色的挖掘及对生态环境的关怀,已成为室内设计发展的重要趋势。在人性化设计的实践中,我们应综合考虑多方面的因素。首先,人是空间环境的主体,设计应充分关注人的需求,包括不同年龄、不同行为模式及正常人与特殊群体的需求,确保空间功能更加方便,同时具有良好的舒适度与安全感。其次,物质功能是空间存在的基础,在此基础上追求空间的多义性和可变性,可以满足人们多样化的需求。最后,空间形态的文化内涵和场所精神是现代设计的追求,它们能够为人们提供丰富的信息和情感体验,是设计高附加值的体现。这些元素和信息在塑造人们的视觉与行为心理中起着关键作用,它们激发人们对特定主题的联想与共鸣。

随着历史的积淀与文化的熏陶,空间环境得以承载丰富的精神文化内涵,构建出人与空间之间深层次的情感联系。在人性化设计的考量中,对自然因素的追求不仅限于生理上的需求,更是心理层面上的诉求。植物、水体、阳光与空气都可以成为设计中的基本要素，它们以其独特的魅力改善着人们的生活体验。例如，植物的生机活力能够缓解人们的紧张与疲劳，还具有调节气温、净化空气的功效，更以其亲和力拉近人与自然的距离。水体则以其流动之美与静谧之韵，唤起人们对自然的遐想，为人工环境增添一抹自然的韵味。而阳光与空气的利用，更是体现了健康、环保、节能的现代生活理念，为人们创造了一个更加舒适、宜居的空间环境。

（四）传统性

谈及办公空间的设计，传统风格的设计理念着重于保留与强化传统、地方建筑的基本构造与形式，剔除繁复的细节，使空间更具文化特色与形式美感。以上海的石库门为例，其独特的建筑风格成为展现上海里弄风情的代表。在杭州，思瀚设计工作室便以石库门为主要设计元素，打造出充满传统韵味与现代实用性的办公空间。精美的雕刻、古老的装饰物及独特的门楣，共同营造出一个充满东方韵味的空间，使人沉浸其中。

在探讨现代空间设计与传统元素融合的创造性实践中，我们不难发现，即使在设计形式上保持传统特色，也能通过功能的创新扩展，实现空间的现代化转型。

四、素材再造

在办公建筑设计的领域中，素材再造是一项至关重要的过程。这一过程通过对空间进行深入的观察、分析、归纳与联想，始终围绕设计目标展开，为设计提供内因（包括原理、材料、结构、工艺技术及形态）的选择、组织、整合与创造依据。在这一过程中，设计师不仅能汲取前人的丰富经验，还能将这些经验有效地融入自己的设计中，实现设计的创新。具体而言，素材再造主要体现在以下两个方面：首先，任何创意方案需经过不断的选择、筛选和评价，以支撑、归纳和完善设计目标。其次，从整体的创意构思到细节的设计，乃至细节与细节、细节与整体之间的过渡与关系，都需要设计师在不同层次上进行构思与想象，确保设计的连贯性与完整性。

五、从平面向空间思维的转化

受中国传统绘画"意在笔先"的启发，设计师在平面图的设计中，需时刻把握空间的特点，根据空间形式，将每一处形体、每一种功能的转换以三维形象在思维中勾勒出来。这种平面布局不再仅限于二维的点与线，而是将每一条线段及其呈现的内容转化为立体空间形象，为设计提供更为丰富的视觉层次和深度。这种设计意识不仅能有效提升设计水平，还能为更好地表现设计意图奠定坚实基础。

六、发挥思维的逆向性

逆向思维，作为一种独特的思维模式，它摒弃了传统的直线性思考方式，转而采取与自然界常规过程或事物普遍特征相反的视角。这种思维策略通过颠覆传统的"顺向水平思考"，鼓励我们从全新的维度审视和理解客观现象，进而挖掘出事物或现象中未被察觉的新特性、新联系。

在办公空间设计的构思阶段，逆向思维显得尤为重要。对于设计师而言，虽然他们往往倾向于在视觉上整饬建筑物的"形态"，但空间使用者的实际需求可能仅涉及对原有形态的微小调整。更重要的是，他们往往将日照、采光和通风等条件置于优先考虑的位置，而这在实际的建筑设计中并不总能得到满足。在这种情况下，设计师需要运用逆向思维，放弃对形态的过度整理，而是选择"打乱"形态，以创造出独特的景观。这种打乱并非无序的，而是模仿自然景观的和谐与美感，力求达到一种"优美"的视觉效果。

在办公空间室内设计的构思中，逆向思维同样能够赋予设计方案独特的魅力。以办公建筑中的设备管道为例，传统的设计思路是通过吊顶将其隐藏起来，以保持顶部的整洁，同时也方便管道布局。然而，当办公空间高度有限，顶部管道无法穿越梁时，传统的做法——即为了遮挡管道而全面安装吊顶，但是这样做可能会加剧空间的压抑感。此时，逆向思维便派上了用场：我们可以选择将管道大胆暴露出来，并运用色彩进行强调，这样不仅解决了净高问题，还使管道成为室内空间的一个独特设计元素。在探讨室内空间的色彩搭配时，通常我们遵循一种正向的设计原则，即底界面的色彩选择稍重，而顶界面的色彩则倾向于较浅，以营造出一种室内空间的稳定感。然而，当面对室内层高受限且顶部结构复杂，如主次梁布局紊乱的情况时，我们是否应打破常规，不再坚持顶面采用白色或全白吊顶的设计手法？在这种特定场景下，我们可以采取一种逆向的设计策略，即将顶面包括所有的梁板涂成黑色，并使用黑色格栅吊顶。当人们抬头望去，只感受到格栅上方如深邃黑洞般的视觉效果，顶部杂乱的梁结构仿佛隐匿于这"深渊"之中，从而有效拉远了人与吊顶之间的心理距离。这种独特的吊顶设计不仅赋予了空间新颖感，更是逆向思维在室内设计领域创新性应用的一个典例。因此，我们可以清晰地得到结论，室内设计创作创新离不开逆向思维。

七、从相关设计中借鉴创作灵感

办公空间设计作为设计领域的新兴分支，虽然其历史相对短暂，但其发展却深受其他设计领域的影响。它不仅延续了办公建筑设计的精髓，同时也广泛吸收了多学科的交叉知识，与其他相关领域建立了紧密的联系。

当前，众多专业的室内设计师在规划办公空间时，已展现出一种跨界的思维，他们将视角延伸至建筑设计、交通工具乃至服装设计等领域。这种跨界的探索，一方面允许他们以办公设计的视角重新审视其他空间的设计逻辑，另一方面也促使他们深入观察并汲取其他空间设计的优点，以此丰富办公空间的设计理念和创意来源。以地灯的设计为例，其在办公空间中的应用，不仅考虑到了夜晚休息时的光环境，还确保了夜间行走的安全。这样的设计思路，既体现了设计师对细节的关注，也展示了他们如何将人性化理念融入设计。再如，办公室内吊顶的灯槽设计，如今已成为一种普及的装饰手法。然而，这一设计的灵感最初却来源于飞机内部的照明设计。这种跨界的借鉴，不仅为办公空间的设计带来了创新，也进一步证明了设计师们对多元设计元素的敏锐洞察力和灵活应用能力。

此外，善于总结是设计师提升自我、培养创造性思维与能力的关键。总结的过程，不仅是对过去经验的回顾与反思，更是对自我能力的一种锻炼和提升。通过总结，设计师可以发现设计中的不足，进而改进提升，为下一次的飞跃打下坚实的基础。

第三节　办公空间创意创新设计应用

一、协作型办公空间

在探讨当代办公空间设计的最新发展趋势时，我们必须提及的是建筑师与数码设计人员的紧密协作。当前，设计团队已转型为一个跨学科的"超技术团队"，其成员包括程序工程师、数学家、建筑师、设计师、动画师和艺术家，但设计师依旧发挥着设计主导的核心作用。

在当前数字化时代，众多设计师致力于构建符合互联网时代特征的建筑空间。就拿手机来说，其演变过程恰好反映了从物理产品到数字化体验的转型。在互联网发展初期，手机的功能主要局限于通话，因此其设计重点在于物理按键和较小的屏幕。然而，随着互联网技术的不断进步，手机功能日趋多样化，尤其是浏览网页等数字化功能的加入，设计焦点也发生了转变，即由物理按键转向全触控屏幕。这种变化凸显了一个事实：在数字化时代，不仅是物理设计，屏幕设计亦成为产品体验的核心部分。这一点在苹果手机等产品的屏幕设计革新中得到了充分印证，屏幕的互动性和设计感已成为产品差异化的重要标志。

类比于手机设计，空间设计亦将面临类似的变革。在信息社会，人们通过鼠标和浏览器与屏幕内容互动，而未来的互动可能发生在墙壁、家具甚至整个空间之中。设计师将利用数码信息来拓展空间感知，使空间成为可体验的对象。因此，在创造信息时代的空间时，设计师需深刻洞察用户对于空间体验的需求，并与数字化技术相结合，以实现空间与数字的和谐共存。

互联网的普及极大地提升了信息传播的层次、流量和速度，这要求设计师在信息社会中进行创作时，必须充分考虑到这一变化对空间设计的影响。通过引入数字化技术，建筑师能够打破传统空间设计的局限，创造出更加丰富、多样的空间体验。在现代制造业中，产品的诞生绝非单一专家之手所能完成的。事实上，其背后需要跨学科的协作与互动。正如前文所述，我们的组织结构囊括了来自多个专业领域的专家，他们在共同打造产品的过程中，专业的界限愈发模糊，呈现出一种融合的态势。在这样的背景下，办公空间的设计显得尤为重要，特别是那些能够促进不同专业背景人士间顺畅交流的空间。这类设计不仅有助于激发创新思维，更能提升整体工作效率，确保产品能够融汇多领域精华，最终呈现出卓越的品质。

（一）建立模糊区域有利于员工间的协作

以日本东京的 PIVIX 公司为例。

PIVIX 公司的办公室里装饰着由访客绘制的各种艺术画作。入口通道的两侧墙壁由 3 000 块饰板构成。PIVIX 的目标是让人人都享受绘画的乐趣，因此每个到访者都能绘制自己的图画，而入口通道的设计则让这些图画可以展示出来。饰板由磁铁固定，可以很简单地拿下来画一画，然后再贴上去。（见图 6-1、图 6-2）。

图 6-1　墙壁绘画 1

图 6-2　墙壁绘画 2

此外,在工作空间中提供一个能进行交流的空间显得至关重要。这个办公空间并没有明确界定的私人空间。为了打造模糊的空间界限,员工们需要自己建立私人空间。座位之间的模糊区域能在不经意之间实现良好的对话。

在 PIVIX 公司的办公室,一张 250m 长的工作台将整个办公空间环绕起来。它曲曲折折,绕过了转角,紧贴着壁。由于木桌是完全相连的,只通过造型设计了一个拱门,员工可以在它的下方通过。桌子上有一些切刺出来的圆洞,员工可以爬进洞里,用笔记本电脑独自工作,还可以攀爬到三层高的书架上,在高处工作(见图 6-3)。

图 6-3 工作台 1

设计师旨在打造一个让员工边工作边会话的空间。250m 的工作台上没有任何物理隔断。工作台的中央有一个标志性的圆桌，它是员工们的会话空间。它就像一个舞台，员工们将其称为"相扑赛场"。"相扑赛场"的位置较高，让人更容易将注意力放在会话上。人们利用这些空间进行简短的讨论和集中注意力（见图 6-4）。

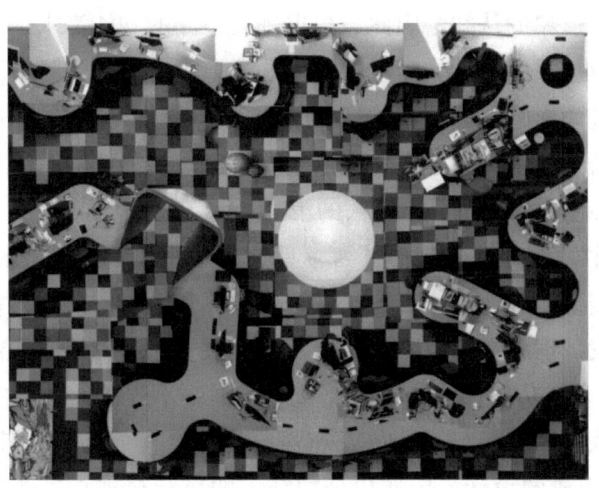

图 6-4 "相扑赛场"

协作办公空间则采用"积木凳"作为座椅。轻巧的小凳便于堆放和移动，甚至可以组成隔断墙，将办公区与展示兼协作空间隔开（见图 6-5）。

图 6-5 协作办公空间

（二）运用空间色彩反映合作精神

以泰国曼谷的 APOS2 公司为例。

在探讨办公环境的色彩策略时，我们必须认识到色彩的选择对于塑造企业形象，以及给来访者留下深刻印象至关重要。这些影响往往是潜意识的，却能显著影响客户对企业形象的认知。因此，根据办公空间的功能需求，巧妙运用色彩成为塑造积极企业形象的关键。当客户踏入办公室，首先映入眼帘的色彩布局会形成初步印象，进而影响他们的整体评价。为了确保这一印象是积极的，企业在规划办公色彩时需紧密围绕其想要传达的企业形象。在具体的设计实践中，从公司标志中提取核心色彩元素是行之有效的策略。

在本案例中，设计团队选择了红、蓝、黄三种鲜明的纯色作为楼层的标识色，通过色谱楼梯巧妙连接，形成了富有层次感和动感的色彩体系。此外，墙壁上精心绘制的设计理念文字与图形，以及与企业文化紧密相连的吉祥物"艾普斯尔"，更是将创意与功能性完美结合。这个吉祥物不仅以其独特的双面形象引人注意（左边为大量的彩色糖果小人，右面是内部器官），更通过其身体各器官由"Aposer"字母组成的设计，传递出公司统一的目标与雄心（见图6-6）。这个富有象征意义的形象成为连接二楼与三楼楼梯平台的视觉焦点，增强了空间的连贯性与整体性。

图 6-6 "艾普斯尔"(Aposer)

第一步——一楼的入口区域被设计成接待厅兼咖啡厅，可供员工和访客使用。复古的霓虹灯被安装在入口火红的墙面上。LOFT 风格的钢制橱柜下方是一排座椅和长桌。它让访客一进门就感受到公司的活力（见图 6-7）。

图 6-7 入口处

二楼是被称为"艾普斯尔室（Aposer Room）"的工作空间，以蓝色为主色调，显得冷静、平和、稳定。这是一个开放式办公空间，所有办公桌都面对面摆放，方便员工们随时讨论。墙壁上写着巨大的标语"团队不分你我,胜利属于我们"(There is no "I" i TEAM, but there is in WIN),鼓励员工放下自我,通力合作,解决难题(见图6-8、图6-9)。

图 6-8 工作空间 1

图 6-9 工作空间 2

三楼是最后一层,被设计成"头脑风暴室(Brain Storming Room)"和行政办公室。它以亮黄色点亮空间,以激发员工的创造思维。墙壁上的创作标语更是无时无刻不在提醒着所有员工(无论是新人还是领导者)都要努力工作(见图6-10)。

图 6-10 "头脑风暴室"

(三)带状的工作台促进部门间的协同合作

以杰尔思行广告公司为例,其位于中国香港的办公空间以"家"为设计理念,旨在打造一个能够激发创新思维和团队协作的创意空间。设计团队面临的挑战在于如何在确保宽敞和舒适的同时,展现公司的创新文化,并促进员工、合作伙伴和客户之间的沟通交流。

为了实现这一目标,设计师摒弃了传统的封闭式办公室设计,而是选择了清新开放的工作室布局。通过合理的家具摆放和长桌组合,创造了一个既宽敞又灵活的办公空间。同时,设计师还巧妙地运用了连续的带状木制家具,为员工提供了一个便于交流和合作的平台。这样的设计不仅打破了传统办公空间的严肃氛围,还营造出一种轻松活泼的氛围,为员工的创新思维提供了土壤。在本项创新办公空间设计中,私人办公室与会议室均巧妙地布置于楼层的外围地带,此举不仅确保了空间的宽敞与通风,同时也赋予了办公区域高度的灵活性与多样性。通过精心规划,办公空间成功实现了从私密空间到半私密空间,再到共享空间的自然过渡与和谐融合。

本项目设计的主要理念是打造一个连续的带状木制家具系统。它将整个楼面空间从外圈包围起来,通过共享工作台将各个部门串联起来,以促进各部门之间的协作。带状家具系统具有多重功能,包含矮储物架、墙上休闲座椅、共享工作台等。办公桌像手指一样从带状家具伸出来,最终演化为墙边的落地书架。整体效果和谐统一,连贯自然。

设计所选用的主要材料给人以轻松自然的学院派风格。带状家具系统具有环保特征,由回收再利用的刨花板制成(见图 6-11)。

图 6-11　办公区

本项目设计将"为员工提供宽敞的空间"放在第一位,给他们家一般的舒适感觉,鼓励他们进行合作和创造设计。不同团队的员工可以在各种各样的非正式会面场所进行舒适的探讨,可以是壁炉休息室、休闲的墙上咖啡座,也可以是定制的用餐间。员工还可以自主设计空间,在墙壁和柱子上添加艺术品,使办公室与以艺术和工艺闻名的上环地区实现灵活的互动。

灯光设计舒适自然,进一步突出了家的氛围。画廊风格的聚光灯突出了墙壁上的艺术品,而员工们则更喜欢在带状家具上方的吊灯下进行交流(见图 6-12)。

图 6-12　休闲区

私人办公室和会议室设在楼层的外围。为了进行私密的对话,他们的墙壁是半透明的,营造出一种无等级的轻松氛围。落地玻璃墙上的半透明图形既是引导标识，又具有一定的遮挡作用。员工们还可以将正式或非正式讨论中获得的灵感写在黑板玻璃墙面上。

一组弯弯曲曲的会议桌设计精美，打破了传统企业会议室的严肃氛围。这些桌子有四种摆放方式，可适应不同的功能，既可以排成一排，用于大型会议；又可以组成小组，用于小规模会议（见图 6-13、图 6-14）。

图 6-13 会议室

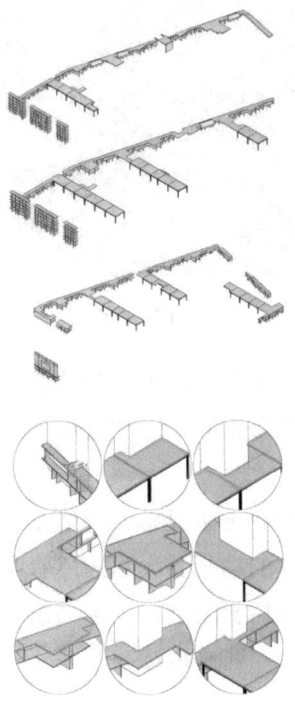

图 6-14 带状工作台的接合

（四）开放的布局方式推动团队交流沟通

以法国巴黎的校园办公（LE CAMPUS）项目为例。

在提升团队合作和协作方面，"校园办公"是一个位于酒店内部的新型办公空间。严格来讲，它并不是一个商业办公空间，而是通过开放式布局来鼓励员工们实现团队合作。

Virserius 工作室的设计理念不是关注人们如何工作的传统思维，他们的目标是让空间拥抱自由独特的想法。现代化的家具设计不仅充满趣味，同时也十分舒适，让客户乐于在充满活力的环境中交换想法。这是一个几乎全部开放的空间，只有会议室是封闭的。设计经过了深思熟虑，巧妙地结合了正式与非正式的元素。员工们在轻松愉快的氛围中促进了相互交流、团队建设及策略和规划的生成（见图 6-15）。

图 6-15　办公区

"校园办公"项目给人以截然不同的办公体验。凯悦酒店的总经理希望为酒店打造一个重回校园的主题办公空间，因此他委托 Virserius 工作室打造一个独特而灵活的办公兼社交空间。

设计师从美国大学校园中获得了灵感、打造了一个清爽有趣的互动空间。艺术家蒙斯特为空间添加了额外的精彩。大胆的色彩和材质使其不同于传统的办公或会议空间。会议、活动和研讨会全部在"图书馆"（会议室）、"野餐区"（多功能共享空间）和"操场"进行（见图 6-16）。

图 6-16　多功能共享空间

（五）构造辅助空间促进团队互动的多样性

以美国加利福尼亚州的领英公司森尼韦尔市莫德街 605 号办公楼为例。

多样化环境的打造提升了协作价值，让个人可以根据目前的工作自由地选择办公地点。办公时人们可能对隐私或特殊的技术有所需求，协作型办公室能满足团队互动的多样化需求。例如，协作空间内可以设有储藏着零食的休息区；技术休息室能提供设备升级服务，使员工享有良好的工作状态；会议空间能满足多方面的要求，传递强烈的协作信号。

领英公司森尼韦尔市莫德街 605 号办公楼的设计方案主要集中在连通性和变形改造方面，这两点都是领英公司文化的核心要点。办公空间为员工们提供各种各样的合作机会；紧邻休息室的非正式"聊天室"可供小型团队举办会议研讨；休闲客厅让员工们尽情放松；正式会议室拥有舒适的视听会议互动设施；宽敞的游戏空间配有咖啡吧，适合社交聚会。例如，LinkedIn 领英公司的砖砌咖啡屋位于一楼，有一种高档餐厅的感觉。此外，一楼还设有创意健身中心和宽敞的大厅，后者突出楼层间的垂直连接及丰富的创新机遇（见图 6-17）。

图 6-17　砖砌咖啡屋

图 6-18　游戏室

图 6-19　开放协作空间

办公空间鼓励人们协同合作，并将此理念反映在各种类型的辅助区域中。员工们的工作台就像他们的"大本营"，他们能随时进出各种辅助空间。当一个企业为员工提供了大量可用空间时，可替换的工作区域就显得至关重要，而流动性则是这种设计的关键所在。

（六）灵活运用色彩彰显团队核心价值

以荷兰莱顿的 NTI 办公室为例。

合适的色彩搭配能让办公空间变得更具活力、生气，使人们的工作情绪、效率得到改善。色彩还能起到导向作用，多彩的开放景观印花可以营造出一种轻松的氛围。

该案例将工作、学习与品牌意识灵活地连接起来，意图用有限的方式使身处办公室的员工的工作效率达到最大。多彩的空间代表着 NTI 公司形象能够激情闪耀，内部设计也融合了热情的元素，这些颜色都比较合适，并且用了多彩印刷来烘托气氛（见图 6-20）。有不同风格的学习区、工作区、一人学习室和吧台边的休闲式区域。当人坐下打电话的时候，电话中心像是一个封闭式空间，但是一站起来就可以直接与同事们联系。

图 6-20 工作区

开放式楼面和亮丽色彩的运用为公司营造出一种开放而友好的氛围（见图 6-21）。

图 6-21 办公空间

（七）合理分区创造流畅的工作流程

以印度新德里的 Ka 建筑事务所为例。

在概念化办公理念的指导下,本设计超越了传统的工作场所定义,将其打造为一个能够激发员工创造力与热情,并让他们真正享受工作过程的休闲空间。通过巧妙的空间分区,会议室被安排在主办公区的后方,既确保了隐私性,又通过透明或半透明的界面设计,使得前后空间在视觉上保持紧密联系,形成了一种既分隔又连接的独特视觉效果。

设计师始终秉持着最大化空间效用的设计理念,将空间的每一个细节都考虑得十分周到。位于空间中央的绿色休闲区,不仅为员工提供了一个放松身心、交流思想的场所,更是促进了不同设计团队之间的紧密协作。同时,为了确保概念、技术与美学等设计元素能够无缝对接,设计师还为每个创意流程分配了独立的空间,包括展示区、接待与等候区、设计区、实验区及服务区等。创意流程不再仅仅是线性思维模式,它围绕着中心点不断变化方向。

入口的玻璃屋顶为室内空间提供了充足的自然采光。前台的造型十分有趣,配有背光玻璃板。展示着公司设计项目的书架正对着前台摆放。一个架高的平台上有一面由不同直径钢管支撑的休闲会议桌,上方的天花板设计也十分抽象。

靠近前台的天花板由多个箱式板材构成,上面展示着公司所设计的各种项目。类似的,前台上方的椭圆形天花板上也有一个建筑模型,构成了整个空间的焦点(见图 6-22)。

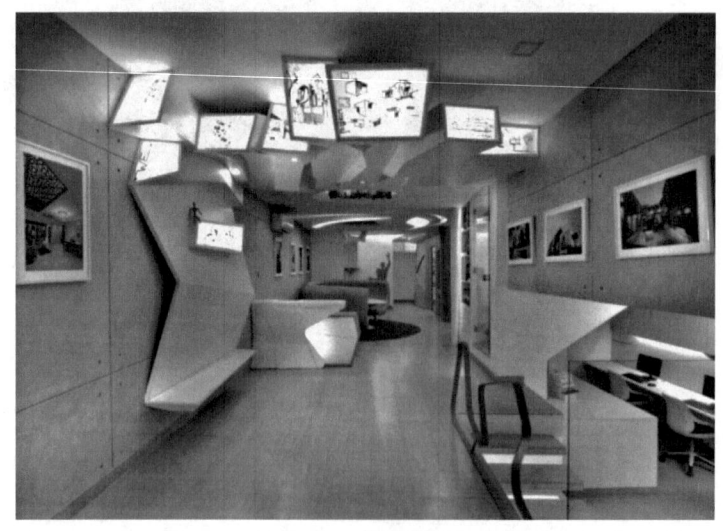

图 6-22 展示设计

下层开放式工作区由悬臂式木台阶连接起来，前方办公区的开口正好与其相对，下层办公区与上层办公区形成了对比，采用了纯白色调（见图6-23、图6-24）。

图 6-23　下层办公区 1

图 6-24　下层办公区 2

人造草坪地面和椭圆形座椅所构成的绿色空间可用作休闲和阅读。环形座椅的设计被反映在天花板的造型上，延续了抽象图案的主题（见图6-25）。

图 6-25 休闲阅读区

设计最有趣的一部分在于主办公区的流线造型外隔断,木皮包层一直延伸到了会议室的天花板。隔断略微倾斜,形成了有趣的弧线造型。会议室和办公区之间有一个玻璃拉门,可以实现独立的空间划分(见图 6-26、图 6-27)。

图 6-26 会议室

图 6-27　会议室隔断

二、交流型办公空间

办公空间的设计和组织日益凸显出交流的核心地位，特别是在技术进步不断重塑我们的人际与职业互动模式。尽管办公空间设计的演变正在努力适应这些变化，但信息交流的方式始终是其不可或缺的核心元素。

技术的进步无疑极大地改变了我们的工作方式，提高了连通性，实现了远程办公和协作的灵活性。然而，这能否完全替代面对面的创意合作与沟通，仍是值得深入探讨的问题。虽然多数机构在享受科技促进的全球化联系和灵活性，但依然倾向于通过传统的核心办公空间将团队聚集在一起，维持使用多年来形成的通信工具和模式。尽管电脑取代了打字机，电子邮件取代了传真机，手机取代了固定电话，但传统的办公布局并未发生根本性的变化，人们仍然被限制在固定的办公桌旁。但是，无线网络的普及为员工提供了更多的自由活动空间和选择，也预示着未来办公空间设计和使用模式将发生更为深刻的变化。随着现代商业环境日益重视跨领域合作、交互团队办公、协作与创新工作的核心地位，探讨办公环境设计如何助力这一进程，并充分融合现代技术显得尤为重要。

今天，新一批的主要劳动力伴随着移动技术和社交媒体长大，这些东西已经成为他们交流技能的一部分，并且模糊了工作与生活的界线。所以现代办公空间必须围绕这点展开并且为工作团队提供更适合的环境——必须将管理完善、合理实用的技术与设计良好的协作型办公空间结合起来。

设计师必须认真考虑人们在办公空间中两种最基本的交流方式——面对面交流和网络交流。网络交流可以是电话、视频会议、网上聊天、电子邮件、短信或各种各样的信息服务。面对面交流可以是一对一、合作办公、团队会议、培训、展示演讲和会议，重点是面对面交流环境的设计与实际办公环境的设计是一致的。视频会议技术和远程呈现设备促进了数字化的面对面交流，但是数字技术在面部表情和人际互动细节方面的呈现仍需改进。

除了考虑个人与团队之间的交流之外，设计师还必须考虑到办公空间中交流模式对工作实务和他人工作效率的影响。例如，在一个活泼的开放式布局环境中，多个对话和背景噪声可能会影响需要集中精力工作的个人的工作效率。相反，一个活泼的环境也可以是激励因素，对某一项特定的工作产生积极的影响。设计师可以依托信息技术打造各种各样的环境，分别适用于不同的任务和交流模式。

在当下技术革新浪潮中，众多企业尽管已广泛采纳先进技术，其办公空间布局却依然维持着以办公桌为核心，辅以正式会议室的传统格局。然而，我们观察到，员工更倾向于在非正式场合通过数字设备进行沟通交流，这种趋势显然揭示了传统静态办公桌布局对个人及部门间交流的潜在制约。随着数字交流的增加，职业和社交层面的面对面互动呈现下降趋势。这种"茶水间时刻"现象凸显了传统办公室环境中共享社交空间的有限性。

为应对这一挑战，我们提出了一个办公设计理念，旨在提供多样化的空间以满足不同工作需求和交流模式。这包括适用于独立工作的私人空间、支持团队协作的开放区域，以及鼓励自由交流、激发创新思维的非固定办公桌区域。这些设计不仅注重提升工作效率，更强调空间的多样性和适应性。尽管上述空间类型有助于增强专业互动和社交交流，但我们同样重视偶遇空间和非正式交流区域的设置。大型办公空间中的节点岛，如私厨岛或咖啡吧，可以为小型团体提供了理想的交流场所。中央咖啡吧或集会空间则可以灵活地用于各种非正式活动，如会面、娱乐和小型聚会，为员工提供一个暂时脱离工作压力的轻松空间。

此外，优秀的办公空间还需关注移动与流线设计。通过优化空间布局和流线规划，我们可以促进团队和部门之间的交流与协作。传统的开放式办公室与长走道、垂直电梯的流线形式，在促进社交互动方面存在局限。因此，我们提倡在设计中引入更多停留空间，如休息区、交流角等，使走道成为促进偶遇和对话的场所。同时，我们还应考虑引入更多样化的交通方式，如楼梯等，以减少对电梯的依赖，为员工创造更多非正式交流的机会。以学校环境为例，我们不难理解这一设计理念的实用性。在英国的中学校园（学生年龄介于11~18岁），每节课程皆在不同的教室进行，课间时分，学生们在校园内自由流动，这种流动性不仅促进了跨班级、跨年级的交流，更有助于构建更为广泛且多元的社交网络。

同样，办公空间的设计也可以借鉴这种理念。我们提倡的办公空间设计，旨在打破部门壁垒，促进员工间的流动与对话。设计师在规划办公空间时，应充分考虑不同部门间的交流需求，创造出更多开放且易于交流的场所，让员工在轻松愉悦的氛围中进行互动，从而促进团队协作与创新思维的产生。

（一）体验功能的空间为思想互动提供平台

以美国圣克拉拉的第一车间公司总部为例。

新时代的办公空间必须体现创新和进步，特别是那些具有展示功能的办公空间。新的办公展示厅不再静止不动，而必须是一个多学科融合的设计实验室，把各种思想聚集起来，交流互动。

第一车间公司是美国北加州最大的家具经销商。该项目的目标不仅是重新树立公司办公的建筑标准，而是重新树立展示厅设计的标准，为员工和顾客打造世界顶级的先锋社区化办公体验。目前，公司已经从事务型体验模式转化为合作型体验的产业标杆。

项目涉及 3 252m² 的办公、展示、工作区和 16 723m² 的仓储空间（仓库的改造独立完成）。除了仓库之外，项目场地还包括一个将近 930m²、建于 20 世纪中期的独立办公楼。项目成功地将建筑与仓库连接成一个全新的工作场所。Blitz 设计公司对外墙和景观的改造为公司提供了多功能的室内外环境。

在开放式办公区中央，一个回旋镖的结构形成了两层叠加的空间。架高的会议室和观景台让公司成员能快速检查楼面，并为顾客展示如何将各种系统解决方案融入一个统一、灵活的分层工作空间。穿越这个空间的上通道让顾客们能感受到与工作社区的联系（见图 6-28）。

图 6-28　回旋镖式结构空间

Blitz 设计公司通过架高的楼面系统延长了开放式办公空间的使用寿命并拓展了它的灵活性，既能进行简单的家具配置，又限制了色彩和图案元素的运用，便于应对潮流的变化（见图 6-29）。

图 6-29　开放的办公空间

在了解了公司与客户的交流模式后，Blitz 设计公司认为环境背景是决定实际销售额的关键。社区式布局有助于顾客与员工之间建立联系。走进大楼，首先映入眼帘的就是办公咖啡厅，这是一个可以会面和就餐的公共社交广场。这种待客功能让顾客和用户能感受到温馨友好的氛围。在与委托人的初步交流中，Blitz 设计公司就已经决定将这里作为一系列体验的起点。根据规划的体验路线，顾客和用户将进入中央空间体验一系列精心规划的触点，最后又回起点，就像回旋镖的来去路线一样（见图 6-30）。

图 6-30 办公咖啡厅

除了创新设计之外，本项目还具有极高的经济效益。公司从 4 180m² 的空间搬进了 3 252m² 的空间，而员工人数则从 101 人增至 165 人。工作台占地面积的缩减及销售团队的移动办公（大多数销售人员都没有固定的办公桌）都是效率提升的关键。移动办公人员可以将他们的物品储存在集中的场所，然后在共享工作台、办公咖啡厅的沙发上或其他办公区域工作。自此，第一车间公司正全面迈进现代办公模式（见图 6-31、图 6-32）。

图 6-31 办公空间 1

图 6-32　办公空间 2

（二）优化空间布局有利于释放团队潜力

以德国汉堡的 Mindmatters 公司办公室为例。

一个轻松的氛围能提升员工对工作的满意度、缓解压力，从而使企业受益。快速成长型公司需要开放的空间来实现互动性与休闲性的平衡，这有助于员工贡献出自己的见解和能力，提升他们的责任感，实现团队潜力的最大化。

PARAT 为汉堡的一家软件开发公司 Mindmatters 设计了全新的办公空间。两个中央会议室将楼面隔开，形成了壁龛式的办公区。设计趣味十足，活泼多变，又不会显得幼稚。本项目以柔和自然的色彩为基调，辅以黄色进行点缀（见图 6-33）。

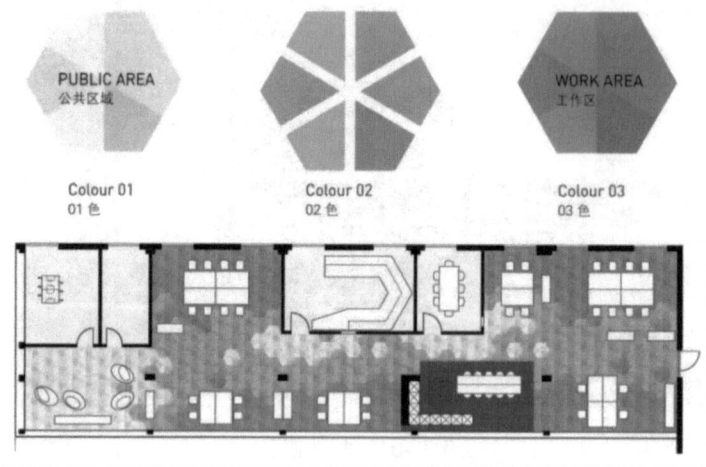

图 6-33　平面图

新的办公室是专为大部分时间都在办公室工作的员工所设计的,因此重点放在社交和会面空间上——天然材料和舒适的座椅家具有助于打造轻松的交流氛围。被舒适座椅所环绕的木台办公空间乃至整个室内是设计的主要特色。

图案化地面是设计的关键元素:特别定制的块式地毯具有丰富的色彩和纹理。深灰色标志着工作区,棕色用于通道区域,而浅色地毯则代表着会议室、图书室等公共区(见图 6-34)。

图 6-34　图案化地面

办公室的中央是一个配有厨房设施的长桌。长桌被一分为二,整合了落地灯和座椅。另一个会议空间是可以容纳 20 人的木台会议室。整体设计施工与房间的特色形成了对话(见图 6-35 至图 6-37)。

图 6-35　办公区 1

图 6-36 办公区 2

图 6-37 木台会议室

每个项目团队都有一个移动书架,并配有可书写的门和 60 英寸显示屏。书架既是储藏空间,又是房间隔断。员工没有自己的办公桌,这种轻松的氛围有助于激发他们的头脑风暴。办公室的后部适合团队工作或私人交流,配有懒人沙发。落地书架与工作台是一体的。透过窗口可以看到外面的风景(见图 6-38、图 6-39)。

图 6-38 工作空间

图 6-39　落地书架与工作台

(三) 多样化的设施支持员工思想交流

以美国旧金山的重比特实业为例。

一楼的多功能平台与新建的楼梯相连,直通二楼。平台采用胶合板构造,形成了一个更适合交流的环境。平台具有一些设施:前台与正门相对,吧台高的工作台也可以作为座椅,演讲台正对就餐区,同时还设有坡道、U 形休闲座等。平台对一楼空间进行了划分,在两侧形成了不同的区域,同时又保证了空间的视觉开放性。此外,它还是通往二楼楼梯的第一个楼梯平台。平台的一侧是公共就餐和会面空间,配有 Y 形的休闲区,可用于就餐、休闲交流或在活动中充当观众座椅(见图 6-40、图 6-41)。

图 6-40　多功能平台 1

图 6-41 多功能平台 2

主楼梯悬挂在一系列 1.3 cm×7.6 cm 的钢片上,而钢片则焊接在二楼的钢槽上,同时也是楼梯踏板。楼梯的效果在轻盈中又不失厚重。从底部看,它是一系列钢板,从侧面看,它近乎隐形。呈六边形镂空的钢网在钢片之间形成了半透明的保护围栏,同时也与公司的六边形 logo 相呼应(见图 6-42、图 6-43)。

图 6-42 主楼梯 1

图 6-43　主楼梯 2

在二楼，钢片向上延伸成为护栏和台面高的会议吧台，二楼和三楼的办公空间被规划成开放式办公环境，设有书桌面板和若干个会议室。会议室被设计成滑动墙的形式，滑动墙采用 Polygal 面板，钢框和金属螺丝构造，同时还配有特别定制的钢制谷仓门五金和轨道。非正式办公和会面空间在二楼沿着窗口展开，配有连续的软垫窗台座；在三楼则以独立的房间呈现，采用电缆和缆索分隔出来。与楼梯相似，"绳索室"也给人亦轻亦重的感觉。它由打结的工业棉绳构造而成，有一种悬空的感觉（见图 6-44 至图 6-46）。

图 6-44　开放式办公环境

图 6-45　轨道细节

图 6-46　会议室

一楼会议室和自行车库采用回收木材和玻璃墙隔开,而厨房则综合了深灰色斑点胶合板和工业化五金件。楼梯所使用的钢材在细节中反复出现,变身为窗框、拉门轨道及厨房里的钢铁台面。这个大型项目中有三项装置采用了先设计后建造的原则进行制作。它们分别是:"绳索室",厨房天花板上的"六角蜂巢钢"吊灯(见图 6-47)和二楼会议室的"六角蜂巢布料"吊顶装置(见图 6-48)。两个"六角蜂巢"装置都采用了六边形图案,以不同的方式与公司的 logo 相呼应。六角蜂巢钢吊灯由薄薄的波形黑钢和爱迪生灯泡构成,体现了老建筑的精神,而六角蜂巢布料则是一个轻质的拉伸吊顶结构。后者由普通廉价的无纺布网制成,弹性布料从各个方向被拉紧,在房间里形成了漫射灯光效果。与楼梯和平台一样,这些装置都试图发掘普通材料的潜力,赋予它们全新的意义。

图 6-47 "六角蜂巢钢"吊灯

图 6-48 "六角蜂巢布料"吊顶装置

（四）开放的环境有助于激发员工展示特色表达

以阿姆斯特丹 Tribal DDB 公司为案例，其创新办公环境设计显示了内部的创新互动与交流。这一设计充分利用了新建筑结构的优势，通过灵活的办公桌配置和大型开放空间的布局，实现了办公空间的最大化利用，为员工提供了一个能够长时间保持高度专注的工作环境。

阿姆斯特丹 Tribal DDB 公司是一家行业领军的数字化营销广告公司，隶属于全球最大的广告公司之一——恒美广告公司。i291 室内建筑事务所为他们拥有 80 多人的办公室进行了设计。设计团队的设计目标是反映公司的独特形象，即兼具友好幽默与专业严肃的氛围。这一看似矛盾的要求促使设计方案必须具有高度的灵活性和适应性。面对办公建筑既有的结构限制，i291 室内建筑事务所克服了一系列挑战，提出了创新的设计解决方案，并最终实现了完整的室内环境设计。

办公空间所在的位置没有其他的建筑结构，而设计师也决定保留这种简单而专注的氛围。主要设计概念是开放的工作和交流空间。公司坚信开放能产生效率，独立的工作间可能会限制人的选择。因此，设计师决定采用开放式空间布局，以简单的直线办公桌来为空间注入活力，白色的长桌能让员工轻松交流，同时又不会打扰其他团队（见图6-49）。

图6-49　办公空间

与传统的格子间办公室相比，这个办公空间能帮助个体表达自身的特色。整个办公氛围能鼓励不同领域的员工共同办公，而弧形的半开放式会议室、休息室则能促进他们的交流和协作（见图6-50）。

图6-50　半开放式会议室/休息室

三、社区型办公空间

新时代的工作者，在数据和移动设备的武装下，不受任何物理限制或时间限制，可以根据需求随时随地的工作，甚至在家也能工作。因此，无需再进行物理归档，交谈也不必当面进行，更不用亲手递交报告。即使不在办公室也不会影响我的工作，因为我已经不再需要办公场所。

以上所描述的状况并非新鲜事，这种现象已经持续了一段时间。重要的是，这种改变让我们认识到有必要对当前的办公空间进行反思——如何使它们应对全新的办公活动。

在现代办公空间的设计中，问题从"为了实现生产率的最大化，在有限的面积内要安排多少工作人员？"变成了"如何提升使用者的办公体验才能提升他们的办公效率？"首先，在评价办公空间时，质量取代了数量。其次，设计的重点由建筑空间的建造转移到了共享体验的实体化。共享体验更能决定整个团队的创造表现。办公空间的设计已经从以生产为中心的设计变成了以社区为中心的设计。

在深入研究人们如何完成未完成的工作活动时，社区型办公的需求日益凸显，促使了合作办公等新型办公模式的兴起。全球范围内的公司与办事处纷纷响应这一趋势，调整其办公空间布局，以共享、协作与创新的理念为核心，力求构建一个能激发灵感与创造力的环境。

社区，作为一个包容性极强的概念，其内涵远超过其字面意义。虽然缩小其范畴可能有所局限，但有助于我们理解其设计原则。社区并非仅指其成员，而是包括促使成员形成共同体验的各种元素。这些元素可归纳为三个核心维度。

首先是物理维度，它涵盖了社区的物质与空间环境，如地理相邻的场所（街道、社区、城市）、共享的物品（车辆、家具、工具等）及自然景观和气候条件。这些元素构成了社区的实体基础。

其次是社交维度，它指的是通过共同生活、习俗和方式形成的共享体验，核心要素包括家庭、朋友及因共同兴趣而聚集的社群。这一维度捕捉了社区成员间的情感联系与共同记忆，即"我们共享的故事"。

最后是身份维度，这一维度指的是确定身份的思想世界。目标、历史原因、强烈的信仰、坚定的理想等决定了人们在政治、宗教、社交方面的亲密度。共同目标是社区生活中强大的驱动力。理念决定了我们是谁。

这些"事物、故事和理念"共同定义了社区的特质。在办公社区的设计中，将这些维度纳入考量，可以使设计师创造出更敏感、综合且高效的办公空间。

文化，作为社区的核心要素，不仅体现了社区的理念、故事，更是物理空间与人际联系的最佳桥梁。通过深思熟虑和富有创新的设计，我们能够塑造出独特、多元且富有启发性的空间与事物，为社区居民提供共享的文化体验。文化的特殊性在于其跨越物理、社交和身份的多维度，因此对其的处理应当综合考虑这三个层面。

首先，情感记忆在物理空间与身份认同的交汇中显得尤为重要。在规划和设计办公空间时，我们必须精心选择并布置物理环境、家具和配饰，确保它们不仅实用，还要具备象征意义，能够唤起特定社区居民的情感共鸣。

其次，交流与启发在身份认同与社交互动的交融中起到关键作用。社区的持续发展和繁荣依赖于其成员之间的有效沟通。通过设计，我们可以传递社区的共享体验，激发新的思维和灵感，为社区的成长注入新的活力。在为特定社区设计物理空间时，我们应当深入了解并尊重社区的习俗、传统和仪式。

最后，当社交互动与物理空间相结合时，自信与优雅便成为设计的核心。优秀的设计应当能够在人们活动的过程中"退居幕后"，实现空间的自然与和谐。正如之前所述，办公活动已不再受物理空间的限制，而是可以随时随地发生。因此，自信且实用的设计更能促进社交互动，激发新的工作活力，这比过分追求华丽和炫耀的设计更加有效。设计师恩佐·马里认为此条件适用于任何好设计：质量—数量比是整个工业生产的核心。质量取决于产品"是什么"，而不是"像什么"。

（一）依托文化特色打造多功能办公空间

以以色列特拉维夫的谷歌办公室为例。

本项目是谷歌在创意办公环境开发中的里程碑：近 50% 的空间被用于打造交流景观，赋予了员工们无限的合作和交流机会，多样化的环境能满足各种各样的需求。这些交流区域与传统的以办公桌为基础的办公环境有着显著的差别，既能为专注集中的工作提供私人办公桌，又能为合作和意见交换提供交流空间（见图 6-51 至图 6-53）。

第六章 办公空间创意创新设计 163

图 6-51 办公空间 1

图 6-52 办公空间 2

图 6-53 办公空间 3

每层楼的设计都有一个当地形象的主题,展示了以色列国家的多样化特色。各个主题都由谷歌的本地工作人员精心挑选,他们还参与了设计实施的辅助工作(见图 6-54 至图 6-56)。

图 6-54　第 27 层主题:愉悦与快乐

图 6-55　第 29 层主题:创新与好客

图 6-56　第 33 层主题:文化与传承

（二）休闲区的无区隔设计营造城市生活体验

以美国森尼韦尔的康卡斯特硅谷创新中心为例。

全新的创意办公空间为快速发展的公司提供了办公和玩乐的空间，作为美国最大的有线系统公司，康卡斯特改变了人们与娱乐、信息和工作的连接方式。

康卡斯特公司的森尼韦尔团队需要一个创新而出色的办公空间，因此他们与Blitz设计公司合伙打造了一个走在时代前沿的协作型社区空间，让员工在工作时间也能尽享乐趣。康卡斯特团队是一支特别欢快且乐于合作的队伍，喜欢在开放式办公环境中工作和玩乐，他们称其为"创新型社区"。

"创新型社区"的中央是一个休闲中心。员工可以在此游戏，也提供了无限的交流和合作机会。传统的办公与这些交流区之间没有明确的界线。交流区和咖啡室就像不同的小村落一样围绕着休闲中心展开，营造出一种边走边交流的城市生活之感（见图6-57）。

图6-57　休闲中心

整个空间以清爽、柔和的色彩为主，同时也点缀着一些活泼红色。为了反映康卡斯特是一家作为有线电视供应商起家的公司，空间的社区设计从二维电路图中获得了灵感。红色路径以电线的图案穿过楼面，起到了指路的作用，将各个村落连接起来。设计师进一步将电路图案拓展到三维造型，形成了红色的建筑结构，起到了空间分隔的作用，又可作为交流、会面区域（见图6-58、图6-59）。

图 6-58 会议室

图 6-59 交流、会面区

创新中心以技术为核心,因此项目必须融入绿色科技和环保技术。项目所选用的材料大多具有多重功能,如私密、隔音、美观等。

(三)独特主题营造居家办公的氛围

以德国慕尼黑的 A 厅办公空间为例。

社区办公空间能迅速使人产生探索并成为空间一部分的欲望,无论是客户、员工还是供货商。

本项目设计概念的灵感来自建筑氛围、现代的数字化办公以及现代人对亲密感和材料质感的追求。

该办公空间的前身是一家机械工厂,因此设计师保留了大型工业时钟等怀旧元素，给人以工业时代的感觉，突出了工业时代的理性、效率、进取精神等核心价值，以此来营造办公氛围。

工业时代的元素与现代数字时代的办公精神被融合在一起。作为全球网络的一员，公司与世界的"连接"及从实体生产向抽象媒体的转化是全体员工的重要课题。大厅的设计以"村庄"为核心元素，它生成了身份感，充当起可管理尺度、亲近感和个人参与的象征。高脊房屋、配有公园长椅的村庄广场及房屋周围"花园"里的开放式办公区营造出一种真实、宁静的氛围。

大厅呈长方形，天花板的最高处可超过 10m。东西两侧采用玻璃砖建造，在齐眼的高度有一排窗户，让整个大厅都洒满了柔和的光线。楼面由斜纹落叶松木地板和混凝土两种材料拼接而成，增加了视觉结构。裸露的起重轨道和取暖装置遍布整个大厅。室内的部分空间被分割成两层：前工长的办公室俯瞰着大厅和入口，入口两侧是红色的砖墙。

机械工厂的楼面、砖砌结构和起重轨道得到了保留，仅进行了清洁和涂漆处理。两座双层高的高脊"房屋"矗立在空间的正中，形成了强烈的对比。作为空间规划概念的主要元素，它们分割出独立的区域，赋予了四周的大厅空间结构感。"房屋"具有多重功能，员工们可以自由放松、随便闲聊或是进行保密工作。设计师把"社区概念"带进了这些"房屋"里，形成了轻松的办公氛围（见图 6-60）。

图 6-60　大厅

二楼的两间工长办公室被改造成两个风格截然不同的会议室——一间配有典型的会议设施，另一间则为用于非正式会面的沙龙。两间会议空间的实体墙被拆除，由玻璃取而代之。厨房和洗手间都设在一楼，就在会议室的下方，一扇铁门将这些私密空间与大厅的办公区隔开。

地下室里设有模型制作室、丝网印刷机和摄影工作室，从一楼地面上的玻璃板就能看到下方的景象。

两座"房屋"之间的区域是"村庄广场"，这里是室内空间两条轴线：从入口到会议室，从办公区到休闲区的交汇点。"广场"一直延伸到开放的图书阅览区（见图 6-61）。

图 6-61　图书阅览区

办公空间围绕着"铜屋"的外墙展开，就像散落的村庄。房屋相当于整个社区的休闲中心。它们被 85m 长的侧板包围，这块侧板的一端形成了接待前台，另一端将工作区与流通空间隔开（见图 6-62）。

图 6-62　办公空间

四、流动型办公空间

办公职员作为主要使用办公建筑空间参与办公活动的办公主体，是进行办公建筑空间设计时要考虑的重要因素。早期的办公建筑更多关注空间对于办公效率提高的有效性，职员在其中只是扮演着办公机器的角色，并没有认真考虑职员的需求。随着社会学、心理学和行为学等各学科的发展，不只是办公建筑设计开始关注人的活动、行为和心理需求，并创造适于可发生的活动的开展与进行的空间。在多元的社会文化与创新的科学技术促进下，办公建筑使用者与空间的关系发生了变化，信息技术是一股强大的力量，模糊了物理与虚拟空间的界限。空间中充满了人流、信息流和景观生态流的交融，办公建筑从简单的三维空间转变成了承载着多重意义和不同特质的流动空间。网络信息技术作为转变的核心，正在悄然重塑人才聘用和工作空间的形式，现时的工作不像过去与产品货物及服务挂钩，而是跟知识的生产和分配挂钩，这样就强调雇员的决策、学识和专业技能。

"空间的一个功能是创造一种环境，一种有利于我们按照我们日常生活中身份的范围来行事的环境，空间实际上是其自身行为举止的外在延伸。……我们对空间的需求是为了改变心境、建立关系、区分活动和提示及引导恰当的行为。空间创造环境，环境组织我们的生活、行为和相互关系。"[1] 布莱恩·劳森在《空间的语言》中从人们思索期望空间能帮助实现高层次的情感需求的层面将空间需求分为三种：一是刺激（Stimulation），避免空间的极度无聊和无趣；二是安全（Security），即空间的结构化和稳定性；三是本体（Identity），即空间的认同感和归属感，在空间上被定位。早期的办公建筑空间一味追求提高工作效率和便于管理，空间毫无"刺激"可言，逐步发展的建筑理念开始关注人、人的活动及其行为和心理需求。流动空间的设计初衷也就在此，希望以此能制造更多邂逅的场合，提供相遇的场所，并通过在舒适惬意的环境下的相遇、交谈、放松身心、缓解工作压力，把好心情带到下一阶段的工作当中。从这个角度来看，办公主体对流动空间的需求至少有三点：一是缓解工作压力的需要；二是增进人际交往的需要；三是提高下一阶段工作效率的需要。

（一）巧思构建空间创造自由工作形式

以中国上海的 1305 工作室为例。

本项目空间不仅是建筑、室内或平面设计的工作场所，还拥有很多其他的功

---

[1]（英）布莱恩·劳森：《空间的语言》，杨青娟等译，中国建筑工业出版社 2013 年版，第 49 页。

能：时装秀、艺术展览、鸡尾酒会、专业讲座等。设计的灵感来自玻璃杯。临时的生活空间就像是没有所谓"空间边界"的玻璃杯，充满了无限可能。就像"一杯水"，当它掉进水里，它却获得了无限可能。不同的物质放进杯中都获得一个新名字，如"一杯牛奶""一杯果汁""一杯啤酒"等。

通过反复计算，设计师最终设计出的盒子具有精准的尺寸。精准的尺寸让空间得以展示不同的功能。带着对上海弄堂文化的浓厚兴趣，设计师力求将这个300平方米的空间改造成传统与现代的完美融合。

办公空间就像一杯水，当我们在这个"杯子"中工作时，我们会看见办公桌、文件柜等。但是在办公桌和文件柜的设计中，设计师对空间的设计十分精准，使得它们可以自由组合，能够满足公司在未来5年乃至10年时间内的需求（见图6-63至图6-65）。

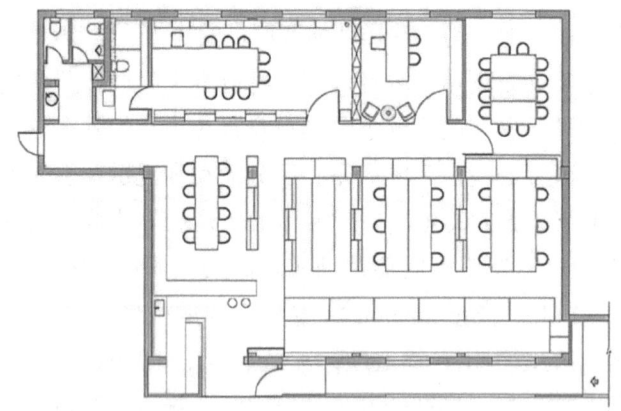

图 6-63　办公空间平面图

图 6-64　办公空间 1

图 6-65　办公空间 2

周末，办公空间可根据需要，利用"盒子"变更空间，甚至打造成 DJ 台、饮品台，使原空间变更成适用娱乐聚会的场所（见图 6-66）。

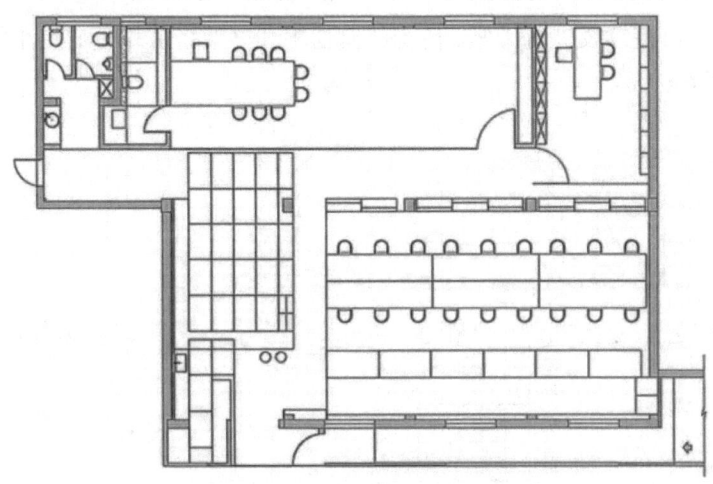

图 6-66　派对空间平面图

在条件允许的情况下，这些木盒子还有打造时尚 T 台的妙用，铺设完成后，可以进行小型时装秀（见图 6-67）。

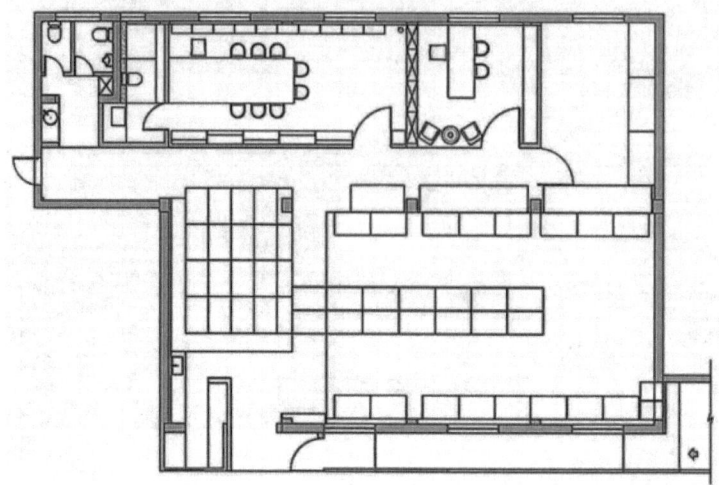

图 6-67　T 台平面图

把所有书架叠起,就成为小型图书馆。木盒子的高度为 15 厘米和 30 厘米。它们可以自由组合和叠加,形成 45cm、60cm、75cm、90cm 等高度。书架可以被进一步划分成 15cm 和 30cm 宽的单元,相互交错,以增加稳定性。同时,考虑到流通环保、可持续发展等因素,传统的储物柜和书架将被划分成更小的单元(见图 6-68、图 6-69)。

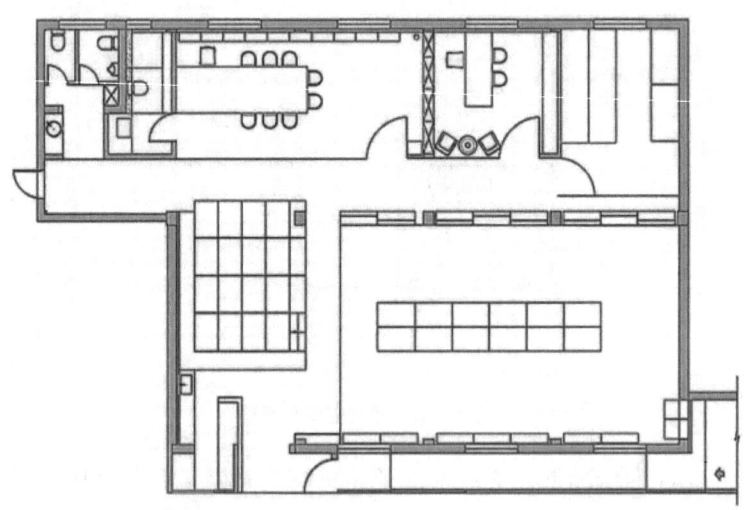

图 6-68　图书馆平面图

图 6-69　图书馆布置空间

两个白色的木质模块支架可以变成一个听讲座用的小凳。整个空间能举办 50～100 人的小型讲座（见图 6-70、图 6-71）。

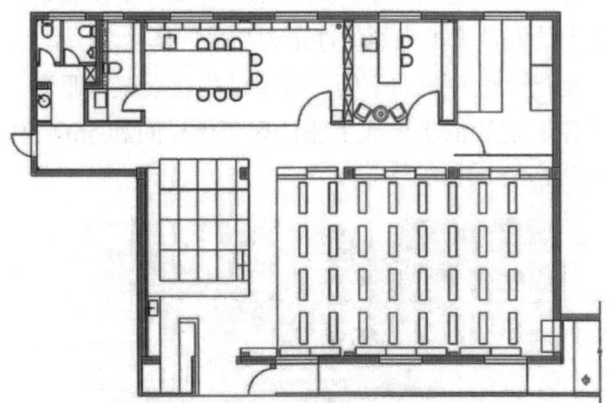

图 6-70　讲座平面图

图 6-71　讲座布置空间

（二）善用连接元素构建灵活办公环境

以英国伦敦的"桥梁办公"项目为例。

这一结构不仅极大地促进了员工间的互动与沟通，更巧妙地在空间中勾勒出数个适宜办公与集会的多功能区域。为四家企业缔造一个集启发性与流动性于一体的新总部，此设计独具匠心。桥梁以其独特的形式，不仅连接了员工、部门与公司，更创造了一系列新颖的空间布局，便于日常会面与交流。同时，这一设计亦为员工与访客打造了一个典雅的咖啡厅和活动区域，为忙碌的工作之余增添了一抹温馨与活力。

在总面积达 1 500m² 的办公与休闲空间中，一座长达 64m、上下起伏的多层结构桥梁横跨两层楼面，宛如一道流动的艺术景观。桥梁采用连续的折叠结构设计，由精心预制的交叉层压板构筑而成，其动感十足的外观与高达 8m 以上的跨度，共同诠释了一种新颖的建筑美学。这一创新的设计不仅满足了空间功能的实际需求，更在视觉上给人带来了强烈的冲击力与美的享受。

员工与访客一走进这个轻盈的空间，桥梁结构就会映入眼帘，它会给人们带来了难忘的第一印象，之后依次形成了座位区、楼梯间和 5m 的高墙，缓缓地蜿蜒上升到二楼（见图 6-72、图 6-73）。

图 6-72　入口处

图 6-73 二楼一隅

桥梁继续延伸到二楼和三楼。作为一个连接元素，它能促进办公区域内在水平和垂直方向上的运动。这种连接性是建筑社区概念的关键所在，能将不同的部门和公司聚集在特定的节点上（见图6-74）。

图 6-74 连接处

本设计从传统的栖居式桥梁中获得了灵感，折叠的桥梁结构在上方、下方和内部都分别形成了空间，用于互动和聚集。这些互动空间的尺寸从可容纳1～2人的格子间到可容纳40人的论坛空间，大小不一（见图6-75）。

图 6-75 格子间

作为桥梁的延伸，折着的木板平面形成了台面、储藏间和卡座区咖啡厅配有落地玻璃窗和大阳台，宽敞明亮，是休息、会面、就餐、与客户商谈、举办公司活动的好去处（见图 6-76）。

图 6-76 咖啡厅

后墙和桥梁上方的天花板形成了办公空间的背景。在这块空白的画布上，设计师打造了一个 48m 长的波浪形翅片装饰装置。头顶的天窗带来了柔和的自然光，而一系列垂吊下来的轻盈吊灯更是增强了这种感觉。翅片和吊灯的精致波浪令人想起了桥梁，营造出梦幻般的办公环境（见图 6-77）。

图 6-77　翅片和吊灯

（三）可移动性设施打造空间的可变性

以希腊雅典的橘林产业园为例。

瑞典橘林产业园专门为年轻创业者提供服务，由荷兰驻雅典大使馆组织。他们提出的"移动、灵活、连通"的概念正是他们希望年轻创业者所具备的品质。设计师将这一概念转化到建筑设计中，打造了一个完全灵活的办公布局，所有家具乃至会议区等封闭空间都可以自由移动。这意味着空间可以适应各种类型的活动，设计师希望用户可以以创新的方式使用空间，并与橘林产业园中的其他企业实现创造性的合作。

三种方案实际非常简单：在常规布局中，所有家具都各归其位，位于橙色的圆圈内（橙色是荷兰的国家代表色）。在灵活布局中，设计师希望看到一天结束后，年轻企业家通过空间的利用实现新的合作。展示布局则显示了空间如何适应各种功能，如展示会、研讨会、讲座、派对等（见图 6-78）。

图 6-78　办公区

移动性体现在所有的元素都是可移动的。所有家具都配有转轮，甚至连封闭的会议空间和集中空间都能通过特殊的轨道进行移动（见图 6-79）。

图 6-79　可移动的办公家具

移动性实现了空间的灵活性，使其可以适应各种功能配置。办公空间可以任意转化，适应各种形式的合作。在灵活空间隔断的帮助下，可以在任何地点随意打造出独立的空间，用于展示、会议等。在清空所有家具后，整个空间可以举办容纳 250 人的会议（见图 6-80）。

图 6-80　灵活的空间隔断

（四）城市公共空间的巧妙植入

以智利圣地亚哥的唯人公司为例。

唯人公司的办公空间设计让人重新思考了人与人相遇的价值，以及合作办公体验的概念，积极而富有启发性。这种体验专为聪明、好奇、积极、热情的成年人所设计。人们在空间内会不断发现新的目标、物品、视觉暗示、小惊喜和流畅的细节。严肃的黑色环境提高了空间的复杂性，突出了人与人，以及人与空间、物品、气味、味道、想法之间的互动。空间布局的各部分各具特色，分别满足不同的功能需求（见图 6-81）。

图 6-81　公司环境

咖啡屋、实验室等人来人往的公共空间被设在一楼。咖啡屋朝街道，拥有不错的视野，同时也能吸引过往的行人。舒适的露台让咖啡屋的影响力延伸到了室外，形成了一个城市公共空间。又长又宽的门厅将咖啡屋和实验室连接起来，在休闲、感性的咖啡屋和具有探索性的实验室之间形成了过渡。以思想为基础的游戏实验室配有各种功能设施，如连续的白板/书架、可移动式空间隔断（可实现两个主空间的多重配置）等（见图6-82、图6-83）。

图 6-82　咖啡屋

图 6-83　游戏实验室

与一楼相同，二楼的空间配置也围绕着两个不同却互补的部分展开。休息室朝南，俯瞰着露台和街道，采用开放式办公布局，利用家具和人来营造一种多样化的办公环境。北侧设置着 12 间项目室或会议室，为 2、4、6 乃至 10 人的团队提供了舒适明亮、设备齐全的办公空间（见图 6-84、图 6-85）。

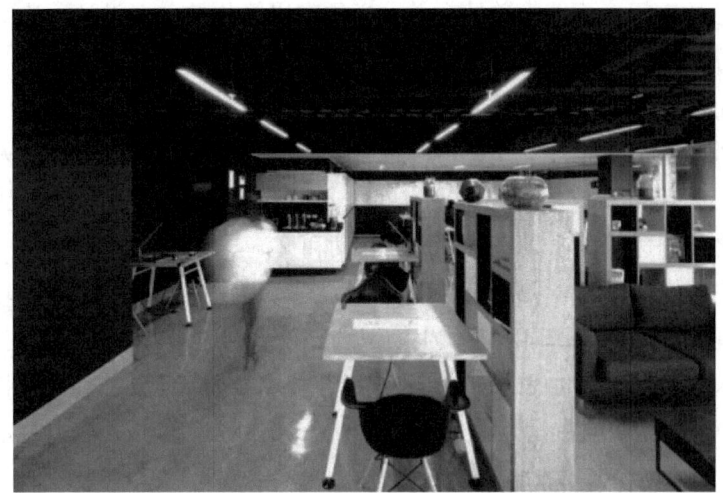

图 6-84　办公区 1

图 6-85　办公区 2

五、集约型办公空间

随着国家的进步和人类生活的多样性，办公空间已经超越了它们的传统定义。人们与日俱增的健康意识和环境意识让办公设计增加了休闲区、休息区、健身房、娱乐室等多种要求。小型办公室日渐兴起，而设计师有义务提供更负责、更实用、更适合的设计方案。

现代人的大多数时间都消耗在工作场所，因此我们的办公室必须便于交流、拥有先进的技术、有绿色环保意识，舒适的办公区域，总而言之，要"智能"。小型办公空间的分区必须高效合理，以辅助各项独立活动的有效进行。每项活动都要有自己的空间，不能简单地合并，必须突出简化的分区设计，让空间更具适应性，充分利用已有的空间。

墙壁可以拆除。隔断可被限制在较低的高度，与设计元素相结合。各种各样的玻璃墙可经过艺术处理与整体空间融合起来。我们必须抛弃传统的火柴盒式工作台设计，采用更开放的布局，使空间之间没有阻碍，形成更好的视觉连通性，建立员工之间的透明关系，提供更好的互动和交流。

办公空间的设计还必须恰当地考虑技术需求，为用户提供更舒适的环境。无线网络、电视会议、等离子显示器、生物识别等技术的应用让办公空间变得更高效。自动化技术是迈向智能时代的一小步。自动化技术能削减手工作业的负担，让服务变得更便捷，我们应当在设计中充分利用它们，把办公室变成更合适的定制空间。

（一）色彩对比打造空间放大的效果

以西班牙费罗尔的"建筑工作室"项目为例。

近年来，办公室的规模已经不再那么重要。设计师喜欢建造自己的"小屋"作为"庇护所"，那里能让他们感到轻松舒适。

本项目对西班牙费罗尔 18 世纪的老城中心内的一个典型的底层楼面空间进行了翻修改造。整个空间十分狭长（5m×16m），每天的日照时间有几个小时。为了扩大办公室，设计师打造了一个"翻转的船龙骨"：白色的狭长结构构成了一个空间，为他们提供了庇护所，也是他们的办公场所（见图 6-86）。

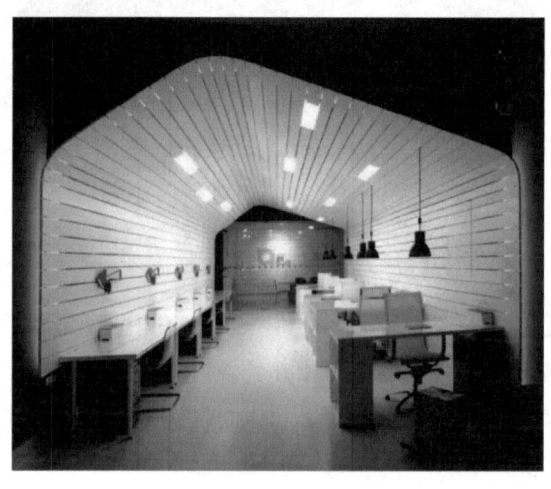

图 6-86　办公区

小屋的设计让设计师的"船龙骨"不会延展到立面上,形成了一个用于接待客户、欣赏办公室的空间。由白色塑料杯组成的树形雕塑迎接着来来往往的人们。整体设计让员工们感觉自己置身于一个宏大而明亮的空间(见图6-87)。

图6-87　接待区

所有结构都采用干缝连接,采用了与美国"轻型木构架"相似的系统:红松木框架(70mm×100mm)上覆盖着漆成白色的中密度纤维板条(19mm×150mm)。

走出小屋的"外壳",休息区里是一个小厨房和储藏架。这里的墙壁上覆盖着质感更温暖的材料——定向刨花板(16mm),与深灰色的墙壁和天花板形成了对比(见图6-88)。

图6-88　休息区厨房

整个办公室(包括墙壁和天花板)都被漆成了深灰色,与纯白的地板和小屋的白色中密度纤维板形成了对比。这种对比有助于放大整个办公空间的视觉效果。间接 LED 照明让昏暗的空间变得明亮而温暖,同时也大幅缩减了能源消耗(见图 6-89)。

图 6-89　办公空间

(二)运用流线扩大空间视觉

以印度新德里的"立方办公室"项目为例。

天花板的创新设计在空间设计中显得尤为突出。它不仅能够显著激活环境氛围,而且在办公空间内营造出特定的情感共鸣。尽管在室内装修的优先级排序中,天花板可能并非首要考虑因素,但其精心设计的视觉效果无疑能够极大地拓宽室内视野,进而增强整体空间的开阔感。

针对某置业顾问公司的办公室设计案例,其特别采用了现代简约的白色基调,并融入流畅线条造型。在接到客户的具体需求后,设计师按照要求设计了两间独立的空间作为会议室和经理办公室,同时配置了八个座椅及接待等候区。整个设计概念的核心在于通过流动的形态语言进行探索,旨在打造一个既小巧又完整的白色系室内环境。

此项目的设计理念和实施过程均体现了高度的专业性和创新性。为确保设计方案的准确性和实用性,设计师进行了多次的现场勘察,并根据实际情况进行了相应的修改和完善。

服务区被设在前台营后。办公室的前端宽 3.4m,流线造型的厨房墙壁形成了前台的背景墙。前台正前方墙壁上的建筑模型为空间带来了特色。前台接待桌的设计沿用了空间的流动概念,配有抽象的背光照明板,与弧形背景墙和谐相融。墙壁上采用"剥落"设计,顶部的弧形板向工作台延伸,而其他的板材则由角柱支撑办公室前端的天花板采用抽象造型,前台头顶的天花板由多个板条构成,嵌有一个椭圆形的背光板。各种流畅的曲线都有助于扩大办公空间(见图 6-90)。

图 6-90 前台

会议室有多层挡板,上面嵌有玻璃开口。它坐落在空间正中,起到了公共空间与半私人空间的隔断和过渡作用。流动感一直向上延伸到天花板和照明设施上。会议桌的设计融合了多块弧形板,上面是一个椭圆形的玻璃桌面。背光式照明的玻璃地面营造出一种太空舱的氛围。通往后部房间的走廊两侧展示着各种各样的黑白建筑图片,头顶的流线型抽象背光板与地面遥相呼应。会议室后方的小屋两侧都是玻璃板,与外界形成了视觉联系。玻璃板被弧形隔断隔开,后者一直从房间延续到走廊,拓展到会议室的隔断处。小屋的天花板采用弧线设计,由多个凹槽构成了抽象造型。后方的经理办公室配有两张办公桌和沙发,地面采用黑色地砖,与外面的灰色地砖形成对比和色彩的过渡。造型流畅的天花板上配有黑漆背光板进行装饰。办公桌由多块玻璃板拼接起来,造型抽象(见图 6-91、图 6-92)。

图 6-91 会议室

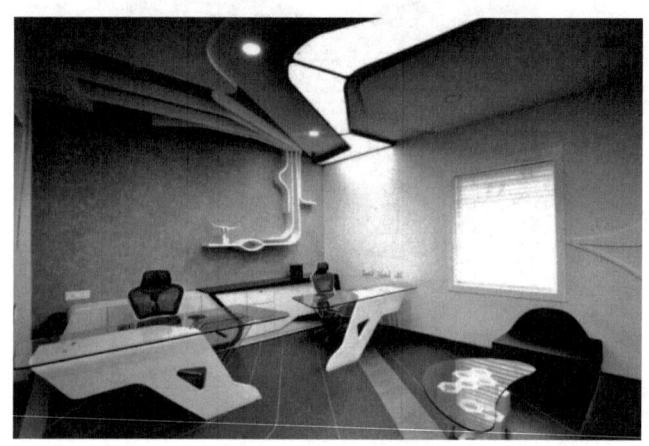

图 6-92 经理办公室

(三)利用植栽提升办公空间品质

以日本神户的"Sisii 公司神户展示厅兼办公室"项目为例。

当今的技术让我们能随时随地进行办公。办公效率不再由办公室的工作时间决定,而是取决于结果。在这种趋势下,小隔间越来越少,公司更加倡导开放空间的设计,以实现更好的互动和交流。

在本项目中,设计师所设计的生活办公空间让空间回归生活,把人们重新聚集起来。设计的目标是让员工的办公效率更高,使他们在办公室里的工作时间更加高效,并且提升他们的生活品质。委托方对永山裕子建筑设计事务所早先的项目十分满意,因此决定在新办公室中委托他们进行设计。

本项目设计的目标是为员工提供一个兼具工作和放松氛围的交替空间，非正式办公区、互动餐厅、开放图书室都是员工办公或接待顾客的理想场所。他们可以边工作边享用咖啡和工作午餐，或是在绿色植物旁听音乐（见图6-93）。

图6-93 办公区

设计师认为绿植是营造交互式放松环境所不可或缺的元素。一块带有开口的悬挂式铁板起到了休闲区和办公区之间的连接作用。铁板下方的植物代表着六甲山栖息地，展示了自然的风光。铁板的一部分被剥开升起，变成了会议空间和巨大的办公桌。

在梁柱之间的墙壁上安装着镜子，从各个方向实现了室内空间的视觉延伸。为了营造灵活的空间，设计师在室内打造了具有柔和曲线的墙壁。精心搭配的镜子和弧形墙将办公空间的尽头巧妙地隐藏起来。

园艺设计师荻野俊哉就住在六甲山地区，他承担了室内花园的全部设计，为办公空间打造了别出心裁的轻松环境。植栽的设计工作考虑了全局效果，包括镜子中映出的景象。树木和熔岩制成的假山的设计与镜中形象形成了和谐统一的效果。

为了解决室内种植问题，设计师选择了无机轻质土，并配置了合适的排水和通风系统。此外，办公室的室内生长灯在夜间也会打开，为植物提供充足的照明，以实现光合作用。

展示厅的衣架环绕着植物摆放，就像树枝的一部分一样。Sisii公司的品牌以皮革制品为主，大多数产品都呈大地色系，因此悬挂的服装看起来就像树叶和蚕蛹（见图6-94）。

图 6-94 展示厅的衣架

　　铁板在不同的位置扮演了不同的角色，它与生机勃勃的植物共存，为人们提供了一个相互交流的平台。

　　从建筑前方的道路上，顾客能看到产品陈列及公司人员开会和办公的景象——他们就像舞台上的演员，上演着一幕幕的戏剧。透过铁板，六甲山的一角显露出来。设计师坚信这些场景能够体现品牌的精神和理念。

参考文献

[1] 王春霞:《办公空间设计》,华中科技大学出版社2018年版。

[2] 阎轶娟、韦杰:《办公空间设计》,华中科技大学出版社2015年版。

[3] 范蓓主编《办公空间设计》,华中科技大学出版社2015年版。

[4] 王维、孙达科主编《办公空间设计》,中国建材工业出版社2013年版。

[5] 杨宇:《办公空间设计》,辽宁美术出版社2011年版。

[6] 薛娟、侯宁、王海燕:《办公空间设计》,中国水利水电出版社2010年版。

[7] 李平:《办公空间设计细节图解》,机械工业出版社2023年版。

[8] 贾祝军、来增祥主编《办公空间设计与实践》,武汉大学出版社2016年版。

[9] 宋寿剑:《商业办公空间设计》,合肥工业大学出版社2009年版。

[10] 许晓东:《设计中国2010—2011:最新办公空间设计》,天津大学出版社2011年版。

[11] 庞鲜:《办公空间设计》,中国青年出版社2019年版。

[12] 黎志伟:《办公空间设计与实务》,广东科技出版社1998年版。

[13] 邓楠、罗力:《办公空间设计与工程》,重庆大学出版社2002年版。

[14] 宋寿剑:《商业办公空间设计》,合肥工业大学出版社2009年版。

[15] 杨宇:《现代办公空间设计基础》,辽宁美术出版社2010年版。

[16] 尤志、魏朝俊、李茂丹主编《办公空间设计》,中国民族摄影艺术出版社2015年版。

[17] 范晓莉:《办公空间设计》,中国青年出版社2016年版。

[18] 赵忠超:《办公空间照明设计节能研究》,河海大学出版社2018年版。

[19] 甘诗源、吴懿:《办公空间室内设计》,河北美术出版社2015年版。

[20] 刘爽主编《办公空间设计》,江苏大学出版社2020年版。

[21] 冯芬君:《办公空间设计》,人民邮电出版社2015年版。

[22] 李梦玲、邱裕主编《办公空间设计》,清华大学出版社2011年版。

［23］吴宁主编《办公空间设计》，中国水利水电出版社2013年版。

［24］刘晨澍：《办公空间设计》，高等教育出版社2008年版。

［25］师高民主编《商业办公空间设计》，科学出版社2011年版。

［26］陈鑫、张恒国：《手绘办公空间设计与表现》，北京交通大学出版社2014年版。

［27］黎志伟、林学明：《办公空间设计分析与应用》，中国水利水电出版社2010年版。

［28］郭晓阳、孙松：《办公空间室内设计与施工图》，化学工业出版社2013年版。

［29］管家晶：《办公空间》，中国计划出版社2006年版。

［30］赵胜华：《办公空间》中国林业出版社2016年版。

［31］徐珀壎：《共享办公空间设计》，贺艳飞，译，广西师范大学出版社2018年版。

［32］杨帆、范蒙、查磊主编《办公空间设计》，中国建材工业出版社2018年版。

［33］赵春光、陈琦：《室内设计·办公空间》，浙江人民美术出版社2010年版。

［34］李劲松：《基于ESG理念的现代办公空间设计研究》，《住宅与房地产》2023年第26期。

［35］王玺文：《共享理念下的办公空间室内设计研究》，《建筑与文化》2023年第5期。

［36］陆懿妮：《现代办公空间设计》，《城市发展研究》2023年第3期。

［37］李柏林：《品牌与产品元素在办公空间设计中的应用》，《建筑经济》2023年第3期。

［38］袁清、高英强：《生态设计理念在办公空间中的应用》，《工业设计》2023年第1期。

［39］郑莉、马航威：《联合办公空间参与式设计的应用探究——以粤港澳大湾区和创联合办公空间为例》，《建筑经济》2022年第2期。

［40］张驰：《以人为本的办公空间健康化设计研究》，《鞋类工艺与设计》2022年第21期。

［41］华嘉炫、张挺、孔英琪：《基于旧建筑活化的办公空间Loft设计研究》，《鞋类工艺与设计》2022年第20期。

［42］姚冠男、秦敏：《共享理念下的模块化办公空间设计分析》，《居舍》2022年第28期。

[43] 李佳音:《生态设计理念下的办公空间环境设计研究》,《鞋类工艺与设计》2022 年第 18 期。

[44] 夏子璎:《色彩心理学在办公空间设计中的应用》,《中国建筑装饰装修》2022 年第 18 期。

[45] 陈文青:《互联网企业办公空间设计策略研究》,《城市建筑空间》2022 年第 8 期。

[46] 邓爱华、郭晶:《基于透明性理论的现代办公空间设计研究》,《中国建筑装饰装修》2022 年第 15 期。

[47] 童佳琦:《可持续发展理念下的弹性办公空间设计策略研究》,《中国建筑装饰装修》2022 年第 14 期。

[48] 勾希琦:《共享模式商业办公空间设计研究》,《中国建筑装饰装修》2022 年第 12 期。

[49] 张东姣:《浅析自然元素在办公空间设计中的应用》,《建筑技艺》2022 年第 1 期。

[50] 刘恒、黄剑钊:《智慧低碳办公空间设计实践研究》,《智能建筑》2022 年第 6 期。

[51] 左纯:《现代高层办公建筑设计分析》,《中国建筑装饰装修》2022 年第 11 期。

[52] 王敏:《共享价值理念下的联合办公空间设计研究》,《工业设计》2022 年第 3 期。

[53] 张军杰、刘豪、杨锐:《基于亲生物理论的办公空间设计研究——以巴西圣保罗威立雅办公室为例》,《中外建筑》2022 年第 2 期。

[54] 倪晨曦、傅铭旻:《高层办公楼的人性化空间设计分析》,《工程技术研究》2022 年第 4 期。

[55] 张宇:《浅析现代办公空间环境设计》,《江西建材》2022 年第 1 期。

[56] 任欣:《办公生态建筑节能策略研究》,《城市建筑空间》2022 年第 1 期。

[57] 马程程、杨淘:《现代开放式办公空间中室内设计的软装饰分析探究》,《设计》2022 年第 1 期。

[58] 范蓓、韩哲澄、周颖:《共享办公空间情感化营造研究》,《大众文艺》2021 年第 23 期。

［59］齐晓韵：《文化自信视域下办公空间设计研究——以中国新闻社浙江分社室内设计为例》，《中国建筑装饰装修》2021年第11期。

［60］郑启儒：《基于高层办公楼的人性化设计研究》，《低碳世界》2021年第10期。

［61］何锡侠：《园林景观在现代办公空间中的设计应用研究》，《居舍》2021年第28期。

［62］朱怡丹：《情感化设计在现代办公空间中的应用研究》，《福建建筑》2021年第10期。

［63］王秋月、徐莹：《关于共享模式下的办公空间设计思考》，《四川建材》2021年第9期。

［64］曾慧颖：《基于生态理念的办公空间设计探究》，《居舍》2021年第25期。

［65］陈欠欠、吴魁：《基于色彩心理学下的办公空间设计应用探究》，《湖南包装》2021年第4期。

［66］崔伊竹、赵雁：《植物景观模块化在办公空间中的设计研究》，《设计》2021年第15期。

［67］郭致聪：《办公空间室内装饰设计探究》，《科技创新与应用》2021年第22期。

［68］马薇：《浅析办公空间光环境设计要素》，《鞋类工艺与设计》2021年第13期。

［69］陈跃伍：《办公空间设计中生态运用探析》，《安徽建筑》2021年第3期。

［70］孙圣容：《个性化办公空间的设计研究》，《城市建筑》2021年第9期。

［71］宋浩哲、朱斯坦：《基于功能多元化理念的技术服务类办公空间设计研究》，《大众文艺》2021年第5期。

［72］王润泽、黄志红：《非互动关系下的共享办公空间设计模式》，《湖南包装》2021年第1期。

［73］左云：《交互空间设计在办公空间中的应用》，《建筑经济》2021年第2期。

［74］佟壬秋：《绿色设计在办公空间设计中的运用探析》，《建筑经济》2021年第2期。

［75］庞鲜、曾婧：《面向联合办公空间的家具设计研究》，《包装工程》2021年第14期。

［76］关乐：《KLA建筑事务所办公空间设计的多维秩序阐释》，《艺术教育》2020年第10期。

[77] 贺睿:《"流动"办公空间设计》,《设计》2020年第16期。

[78] 张玉明、杨明萱、范程程:《环境心理学语境下的办公空间设计研究》,《大众文艺》2020年第16期。

[79] 涂鸿鸣:《关于办公类建筑以人为本的外部空间与环境设计研究》,《中国住宅设施》2020年第6期。

[80] 陈强:《张家湾老厂房变"未来样板间"》,《北京城市副中心报》2023年7月6日第1版。

[81] 申明:《数字设计成就"未来建筑"》,《科技日报》2016年9月30日第3版。

[82] 马生泓、崔彤:《设计来自科学的滋养》,《中华建筑报》2009年6月6日第5版。

[83] 殷敖佗、高辉:《探求办公空间设计新思路》,《中国建设报》2006年11月27日第2版。

[84] 陆俊:《未来办公形态改变家具设计》,《消费日报》2006年11月22日第4版。

[85] 李钰婷:《年度最佳办公空间,停靠在幸福码头的悬浮"战舰"》(https://www.sohu.com/a/289096594_672680)。

[86] Ahmed A B S, Fairuz S F S, Omatule H O , "Balancing daylight in office spaces with respect to the indoor thermal environment through optimization of light shelves design parameters in the tropics", *Indoor and Built Environment*, Vol.31, 2022.

[87] R F, M P, "Designing sustainable office spaces—how to combine workspace characteristics with sufficiency strategies", *IOP Conference Series:Earth and Environmental Science*, Vol.1078, 2022.

[88] Ahmed A B S, Fairuz S F S, Omatule H O, et al. "Balancing daylight in office spaces with respect to the indoor thermal environment through optimization of light shelves design parameters in the tropics", *Indoor and Built Environment*, Vol.31, 2022.

[89] Anna T, "Office spaces design tendencies after the covid-19 pandemic in comparison with well Building Standard evaluation", *Technical Transactions*, Vol.120, 2023.